干旱牧区农作物水氮高效利用及灌溉制度研究

赵经华　马英杰　杨磊　著

U0238441

中国水利水电出版社
www.waterpub.com.cn
·北京·

内 容 提 要

本书主要内容包括绪论、试验设计与方法、多砾石砂土膜下滴灌玉米耗水及灌溉制度研究、多砾石砂土膜下滴灌春小麦水氮高效利用研究、多砾石砂土膜下滴灌打瓜水氮高效利用研究、多砾石砂土膜下滴灌食葵耗水及灌溉制度研究、多砾石砂土浅埋式滴灌苜蓿耗水及灌溉制度的研究等。

本书可供新疆牧区从事农业高效用水技术研究、节水灌溉工程规划设计、管理单位和高等院校相关专业师生参考。

图书在版编目（ＣＩＰ）数据

干旱牧区农作物水氮高效利用及灌溉制度研究 / 赵经华，马英杰，杨磊著. －－ 北京 : 中国水利水电出版社，2020.9
ISBN 978-7-5170-8898-1

Ⅰ．①干… Ⅱ．①赵… ②马… ③杨… Ⅲ．①牧区－作物－土壤氮素－利用－研究②牧区－作物－灌溉制度－研究 Ⅳ．①S153.6②S274.1

中国版本图书馆CIP数据核字(2020)第185336号

书　　　名	**干旱牧区农作物水氮高效利用及灌溉制度研究** GANHAN MUQU NONGZUOWU SHUI-DAN GAOXIAO LIYONG JI GUANGAI ZHIDU YANJIU
作　　　者	赵经华　马英杰　杨磊　著
出 版 发 行	中国水利水电出版社 （北京市海淀区玉渊潭南路1号D座　100038） 网址：www.waterpub.com.cn E-mail：sales@waterpub.com.cn 电话：(010) 68367658（营销中心）
经　　　售	北京科水图书销售中心（零售） 电话：(010) 88383994、63202643、68545874 全国各地新华书店和相关出版物销售网点
排　　　版	中国水利水电出版社微机排版中心
印　　　刷	清淞永业（天津）印刷有限公司
规　　　格	170mm×240mm　16开本　11印张　215千字
版　　　次	2020年9月第1版　2020年9月第1次印刷
定　　　价	**58.00元**

前　言

　　中国牧区面积占国土面积的 40% 以上，在国民经济发展、国家生态安全和民族团结中，具有重要的战略地位。目前我国牧区的发展面临着诸多制约因素，其中粗放及落后的畜牧业发展方式是导致牧区经济发展缓慢、草原生态严重恶化的根本因素。加快牧区发展首先要认识到畜牧业在农业发展中的战略地位，协调畜牧业发展与农业种植结构的关系。阿勒泰地区在新疆的最北部，是一个典型的半农半牧地区，是新疆畜牧业生产的重要基地。该地区有广阔的草原牧场和淡水湖泊资源，有得天独厚发展畜牧业生产的资源优势。境内可利用草原面积 719 万 hm²，占全疆草原面积的 15%，其中草原承包面积达 706 万 hm²。但近些年随着牧区土地开垦面积的逐步扩大，牲畜饲养量的不断增加，生产经营方式落后，对土地及草原等自然资源进行掠夺性的开发利用，导致生态系统的不平衡和失调，诱发荒漠化进程加速。据 2017 年草原监测，阿勒泰四季天然牧场总体超载率达 75%，其中沙化、盐碱化和草原退化面积占 73%，而牲畜量却增加了数十倍，草畜矛盾十分突出。

　　在牧区草原生态环境得到保护的前提下，加快牧区经济发展的关键是加强牧区水利建设，重视牧区现代化农业发展。全面建成小康社会的大背景下，如何加快牧区经济持续健康发展，促进农牧民持续增收，是当前牧区经济发展面临的重大课题。在牧区粗放与落后的发展方式导致生态系统失调、环境恶化的背景下，发展农业水利是解决牧区生态文明建设、经济快速增长的根本途径。农业水利通过改善与调节水利条件提高农作物对自然灾害的抵御能力，实现生态环境的良性循环，有效降低自然灾害造成的损失，不仅提高了农作物的产量，而且农作物秸秆作为牲畜饲料减轻了草场承载力。农业水利的发展为牧区经济持续稳定的增长提供了坚实的保障。加强农业水利建设，调整牧区农业种植结构，不仅能加快牧区农业现代化发展的步伐，而且能改善牧区生态环境，增加农牧民收入，改善农牧民生活，促进牧区富强繁荣。

针对我国干旱牧区农业灌溉技术落后，农业生产环境恶劣、土壤质地特殊、种植结构不合理和管理水平低等问题，坚持生态文明建设、经济持续健康发展原则，在大田小区试验的基础上，通过遥感监测、模型计算等技术手段，开展干旱牧区农作物水氮高效利用与灌溉制度的研究。通过试验技术研究和创新集成，形成适用于干旱牧区经济作物水氮高效利用技术集成模式，指导牧区农业水氮高效利用技术进步，科学合理地确定农业发展格局和规模，提高干旱牧区水资源的利用效率和水分生产效率，促进经济持续增长。

全书共分为7章，主要是作者在新疆阿勒泰典型牧区开展农作物水氮高效利用与灌溉制度试验研究、技术示范和推广应用的成果总结。第1章介绍了干旱牧区农作物水氮高效利用及灌溉制度研究意义、国内外研究基本现状以及研究的主要内容；第2章主要对试验区概况、试验设计、测定项目及方法进行了介绍；第3章通过试验研究确定了多砾石砂土膜下滴灌玉米耗水特征及灌溉制度；第4章对多砾石砂土膜下滴灌春小麦水氮高效利用进行了研究；第5章研究了多砾石砂土膜下滴灌打瓜水氮高效利用；第6章基于模型对多砾石砂土膜下滴灌食葵进行了综合分析，确定了适宜的灌溉制度；第7章用经典统计学的方法对浅埋式滴灌苜蓿耗水及产量分析研究。

本书主要参加编写的单位有新疆农业大学和中国能源建设集团新疆电力设计院有限公司。本书撰写的主要人员有新疆农业大学赵经华、马英杰、洪明、马亮、付秋萍和胡建强；中国能源建设集团新疆电力设计院有限公司杨磊和彭艳平。本书由赵经华整理统稿，胡建强、赵起庵、陈祖森、杨庭瑞、徐剑、陈凯丽等在资料收集整理和编排等方面做了大量的工作。

在本书编写过程中，参阅、借鉴和引用了许多玉米、春小麦、打瓜、食葵和苜蓿水氮高效利用及灌溉制度研究方面的论文、专著、教材和其他相关资料，在此向各位作者表示衷心感谢。

由于作者水平有限，书中难免存在谬误和不足，恳请读者批评指正。

赵经华

2020 年 5 月 10 日

目　　录

第1章 绪 论

1.1 研究背景与意义

新疆地处内陆干旱区,降雨稀少,蒸发量大,严重的水资源危机已成为限制本地区农业经济发展和生态环境改善的最大障碍[1-3]。近几年新疆农业用水占总用水量的94%左右,面临用水总量超限、用水结构不合理的现状[4-5]。减少水分消耗、提高水分利用效率已经成为人们追求的主要目标之一[6]。近年来随着人口的增多,灌溉面积剧增,灌溉农业技术要求在不降低土壤水分和水资源的情况下用更少的水生产更多的食物[7-9]。土壤肥料资源是农业可持续发展的前提,在土壤肥力贫瘠地区肥料更成为作物生长及增产关键。但是肥料的过量使用会破坏土壤结构、污染水质、降低作物优良抗性,对继续种植作物构成威胁[10-12]。目前新疆施肥技术不成熟,肥料利用率较低[13]。由此可见,新疆农作物的日益发展与易受水肥影响的种植环境之间的矛盾逐步显现,提高水肥利用率刻不容缓。因此在推广节水灌溉的基础上,探究干旱牧区膜下滴灌农作物的水氮高效利用及灌溉制度对促进农业发展,推进农业经济结构升级,保护生态环境,促进农民增收显得尤为重要。

膜下滴灌技术是广大科研人员将作物覆膜栽培种植技术与滴灌技术集成为一体的高效节水、增产和增效技术,既能提前播种时间增加生长期,又能通过局部灌溉的方式节约水资源。滴灌技术能定时、定量地将水肥灌溉到作物根系发育区域,使作物根系区的土壤保持在最优水肥状态[14-15],在渗漏量大的多砾石砂土地区可以很大程度上提高水肥利用率。针对该地区气候干燥多风、地温回升较晚的气候环境,通过地膜覆盖能有效增加覆盖区域耕层的地温、减少作物棵间水分蒸发、提前播种时间、增加生长期和提高水分利用效率[16]。近几年膜下滴灌技术在新疆绿洲区得到大面积推广,玉米、小麦、打瓜、食葵等经济作物的灌溉方式也逐渐转向膜下滴灌技术[17]。

农田生态系统中,水分和氮素是调节作物长势最重要的两个因素,水资源和氮素的短缺是造成作物减产的主要原因[18-19]。但水肥间存在明显的交互作用,因此提高旱地农作物生产效率的关键是如何更好地协调旱地农田水分和养分之间的相互关系。灌溉制度是依据作物不同生育期的需水规律,把有限的灌水量在作物不同生育期内进行最优灌水量分配,确保作物在各生育期按需供水。依

1

据土壤水分分布特征与运移规律来调整灌水周期、灌水定额等因素减少水量损失，进而提高灌水的有效性，使作物能获得较高产量和水分利用效率。滴灌施肥会影响养分在土壤中的分布，同时也会影响作物根系的生长和分布，进而会对作物吸收和利用养分造成影响[20]。滴灌施肥会将肥料施于作物根部，具有减少水分损耗、养分淋失的优点，不仅有利于肥料转化和吸收、提高肥料利用率，还有利于提高水分利用效率[21]。在膜下滴灌技术的基础上，水氮高效利用与科学的灌溉制度相结合不仅能改善作物的生长环境，还能使产量得到保障同时提高水分利用效率。但新疆阿勒泰地区农业主要是在荒漠瘠薄的戈壁地上开发和发展起来的，土壤渗透系数较大，肥力较低，5 月初以前与 9 月中旬以后的地表温度低于 0℃，农业生产环境与其他地区存在很大差异，作物的水氮配施与灌溉制度有其自身特点[22]。因此针对该地区特殊的农业生产环境，通过探究膜下滴灌经济作物水氮高效利用及灌溉制度促进节水灌溉技术的推广，节约水资源，提高经济效益。

打瓜属于西瓜的变种，白瓤黑籽，形体为较规则圆形。整个打瓜果实利用价值非常高，主要经济产物是籽粒，原产于非洲，籽粒分红黑两种，籽粒含有丰富的精氨酸和亚油酸等营养物质，打瓜汁含多种微量元素，且具有排毒功效，适合忌糖人群食用[23]。打瓜有管理简便、成本较低、对种植土壤要求低、周期短、售价较高等优点[24]，深受农户喜爱并成为部分地区的首选种植作物[25-27]。以新疆阿勒泰地区为例，在 2007 年、2009 年和 2011 年阿勒泰打瓜种植面积分别为 1.3 万 hm²、1.78 万 hm² 和 3.14 万 hm²，到 2014 年打瓜共种植面积 3.6 万 hm²[28-30]。2017 年新疆打瓜种植面积达到 26.7 万 hm²，种植面积占全国 75%[31-32]。可见作为新疆主要经济作物之一的打瓜在农产品中的地位越来越高。

在经济方面，现阶段打瓜产业高速发展，需要科学依据对打瓜灌溉和施肥提供理论支持。在种植环境方面，新疆特殊的干旱少雨条件，水肥对脆弱种植环境有较大的影响。因此，开展不同水肥组合试验，研究打瓜耗水特性、生长特性、水肥高效利用的灌溉制度，有利于更深层次了解打瓜，有利于打瓜产业与新疆节水趋势接轨，为打瓜节水省肥种植及种植技术的提高提供科学的理论依据，促进新疆打瓜产业发展。

关于小麦生产中的水肥研究，过去多偏重于研究水、肥单独的增产效应。自从 Arnon 提出在水分受限制的条件下如何合理施用肥料、提高水分利用效率是旱地植物营养的基本问题以后，国内外科技工作者对水肥之间的耦合效应进行了深入广泛的研究，取得了许多成果[33]。结果表明，水肥对于小麦的生长有着明显的交互作用。当水分不足时，肥效的正常发挥会受限；当水分过多时，肥料又易产生淋溶，且在一定程度上使得小麦减产。施肥用量不当（即过量或不足时）也会影响到小麦的水分利用效率，并对小麦产量造成影响。试验研究表明，就水、肥两个因素而言，在某一水分（或肥分）水平下，均可找到最优供肥（或供水）与之相配合，高于或低于此值时，小麦都会受到一定程度的减产。因此制定合理的农田水、肥管理制度，既能最大限度地保持农作物的高产稳产，又能有效地提高肥料的利用率，降低肥料的流失，避免生态环境进一步恶化，这对于农业生产有着非常重要的应用意义[34]。

水分和氮素是调控农作物产量的主要因素，水资源和氮素的短缺是造成农作物减产的主要原因[19]。以往关于不同水氮条件对农作物生长、产量和水分利用效率的影响研究主要集中在灌水或施氮单因素效应方面，且灌溉方式主要是大水漫灌[35-37]。而在滴灌灌水条件下二者交互作用的研究则较少，加上水氮配施需要与当地的农业生产环境相结合，因此研究结果有一定的区域性[38-40]。就目前新疆农作物而言，其在种植中存在着大量的突出问题，例如水肥的过量使用、利用效率较低和水肥严重流失等[41-42]。这些问题造成了水资源浪费、种植成本增加和环境污染等严重后果[43]。因此开展干旱牧区农作物水氮试验研究，在滴灌条件下确定合理水肥模式和提高水氮利用效率是十分紧迫和必要的。

1.2 国内外研究现状

1.2.1 膜下滴灌玉米灌溉制度研究

作物生理指标的状态直接反映作物生理代谢与外部环境对其影响程度，并影响作物最终的品质与产量。水分是植物体的重要组成部分，是影响植物体生长发育的重要因素之一，也是植物光合作用、养分运输的重要介质[10]。在实际生产中，根据作物不同生育阶段对水分的需求与利用特征进行研究，对产量的保障与水分利用效率的提高具有重要意义。根据作物各生育阶段的需水规律制定合理的灌溉制度不仅能促进作物的生长发育，而且能使产量与水分利用效率兼优。

合理的水分供应是作物正常生长并获得高产的前提。张坤[11]研究表明叶面积与干物质积累量等指标均随灌水量的增加而增加，且产量也随之增加。冯泽洋[12]研究表明对甜菜叶丛快速生长期进行调亏，显著降低了甜菜的株高和叶面积指数，发现重度水分亏缺对株高、叶面积指数和干物质积累量都有抑制作用；块根糖分增长期的调亏灌溉对甜菜生长的影响小于叶丛快速生长期。张淑杰等[13]研究表明玉米受干旱胁迫的影响，其生长发育缓慢，干旱胁迫对玉米的株高有抑制作用。张玉书等[44]研究表明玉米的株高和干物质随着土壤含水量的增加呈单峰曲线变化。宋常吉等[45]研究表明北疆复播青贮玉米整个生育期内耗水强度呈现由低到高再到低的变化趋势，拔节期和抽雄吐絮期为需水关键期。苗期土壤水分亏缺不但对最终产量的影响不明显，而且使玉米更能适应拔节期后期土壤水分亏缺[46]。胡建强等[47]研究表明玉米生长速率最快的阶段出现在喇叭口期至抽雄散粉期，在该时段应加强水分管理；当灌水定额小于 52.5mm 时，因水分亏缺，将抑制玉米株高、叶面积增长。因此，根据作物各生育期阶段的需水特征来制定作物灌溉制度，是保障玉米正常生长发育，促进玉米水分、养分吸收积累，为作物后期产量的形成奠定基础的有效手段。

目前我国西北干旱区域既面临着水资源短缺的问题，又面临着水分利用效率低的困扰[48]，因此在水资源有限的情况下提高水分利用效率迫在眉睫。水分利用效率能反映水的利用效率及产生的经济效益，是节水灌溉与高效农业发展的重要指标之一。作物水分利用效率受土壤水分的影响，同时也与气候环境紧密相关[49-50]。李英等[51]研究表明土壤水分状况会直接影响作物对水分的直接吸收及利用，从而影响作物本身的水分状况，深层次影响作物的生理活动。赵楠等[52]研究表明宁夏引黄灌区膜下滴灌玉米的水分利用效率随灌水下限的增加呈先增后减的趋势。翟超等[53]研究表明北疆膜下滴灌玉米年际间总耗水量随灌水量的增加而增大，水分利用效率随灌水量的增加而降低。张乐等[54]研究表明当灌水次数相同时，灌溉水生产效率随灌水量的减少而增加，水分生产效率随灌水量的减少而减少。

生育期内对作物干旱胁迫程度及水分胁迫时间不同会影响水分利用效率，轻度的干旱及短期水分胁迫有助于提高作物的水分利用效率，反之，则会导致作物水分利用效率降低。刘虎等[55]研究表明阿勒泰地区青贮玉米在适宜水分条件下需水量为 593mm，需水过程线为抛物线形，耗水强度随气温的变化较为明显；在非充分灌溉条件下产量为充分灌溉的 95.9%，且水分利用效率最大。于文颖等[56]研究发现，水分胁迫可以提高水分利用效率，不同生育期水分胁迫对水分利用效率的影响不尽相同。冯保清等[57]对夏玉米进行群体范围研究发现，增加土壤剖面 0~60cm 土层含水量，玉米群体水分利用效率反而降低；土壤含水率在 30.3%~80% 范围内，群体的水分利用效率会随着土壤含水率的升高呈现降低趋势。任丽雯等[58]研究表明在保证产量的基础上，可以适当减少灌水量，降低玉米耗水量，提高水分利用效率。因此在产量得到保障的同时，寻求适宜的调亏灌溉模式与合理的灌溉制度能在一定程度上提高水分利用效率，解决农业水资源短缺的问题。

水分是确保作物正常生长的前提，科学的灌水策略能有效地促进作物的生殖生长，作物生殖生长的状态决定着产量构成要素的优劣程度，而理想的产量构成要素又是最终产量的保障。因此合理的灌溉制度将促进作物的生殖生长，进而影响产量构成要素，使最终产量得到保障。胡建强等[47]研究发现产量与每穗粒数、穗长、穗位高等构成要素极显著相关（$P<0.01$），与秃尖长呈负相关。

Cakir[59]发现，玉米产量是穗数、穗粒数、千粒重的综合体现。李叶蓓等[60]研究表明玉米开花前遭遇干旱，将导致穗粒数降低；抽雄吐丝期间遭遇干旱，将导致秃尖形成，穗粒数降低，灌浆期遭遇干旱将导致叶片早衰，光合产物积累不足，籽粒灌浆受阻，粒重降低，最终均会导致产量下降。范雅君等[61]研究表明膜下滴灌条件下玉米在苗期对水分的敏感性较弱，此时期缺水对产量的影响较小；在拔节—抽雄、抽雄—花期和花期—灌浆期对水分的敏感性较强，此时期亏水将会减产。李蔚新等[62]研究表明当灌溉定额大于 45mm、灌水次数超过 3 次时，产量构成要素与产量都有下降的趋势。唐光木等[63]研究表明当灌溉定额大于 600mm 时，对膜下滴灌套播玉米的产量构成及产量无显著影响。产量构成要素的品质将直接影响最终产量，而灌水策略将直接或间接的影响产量构成要素，因此科学的灌溉制度是使产量与水分利用效率兼优的有效途径。

灌溉制度是依据作物不同生育期的需水规律和不同土壤质地的水分运动机理，通过调整灌水时间、次数、定额及灌溉定额在作物不同生育期内进行最优灌水量分配，根据作物各生育期的需求供水，进而提高灌水的有效性，使产量和水分利用效率兼优。肖俊夫等[64]对玉米的需水规律进行研究发现，我国春玉米需水量一般为 400～700mm，且自东向西呈现逐渐增加趋势，需水量低值区出现在东部黑龙江省牡丹江一带，高值区在新疆哈密地区一带。谢夏玲[65]研究发现膜下滴灌玉米在抽穗期—乳熟期的耗水量很大，峰值均出现在抽穗期—灌浆期。整个生育期内耗水量变化表现为前期较少、中期较多而生育后期略少的趋势。李佳佳等[66]通过对新疆滴灌密植高产春玉米光合特性及产量的综合分析得出，不同玉米品种间产量随灌溉量变化存在差异，T3 处理（540mm）具有相对较高的产量和水分生产效率；降低灌溉量（减少 10%）先玉 335 和 KWS3564 产量降低 5.82%～7.25%，郑单 958 产量无明显变化，均具有相对较高的水分生产率。

在依据作物需水规律制定灌溉制度的基础上，通过分析土壤不同剖面水分分布、数学模型及作物生长模型来优化灌溉制度。刘梅先等[67]通过对土壤不同剖面水分分布状况的研究表明，北疆地区膜下滴灌棉田适宜中量（375mm）＋中低频（每 7d 或 10d 1 次）的滴灌模式，可使产量与水分利用效率兼优。张志刚等[68]通过研究砂壤土在不同滴头流量条件下地表滴灌湿润体特征值的变化规律发现，水分再分布后湿润锋呈直立半椭球体分布，湿润体的形状大小受到滴头流量及灌溉总量的影响，湿润锋水平、垂直运移距离与入渗时间存在显著的幂函数关系，决定系数（R^2）均大于 0.95。赵颖娜等[69]基于水分分布过程湿润体特征值的变化规律及水分分布规律建立了预测湿润体特征值和湿润体体积的经验模型。马波等[70]利用水分生产函数 Jensen 模型分析压砂地西瓜耗水规律及需水关键期，并对压砂地西瓜灌溉制度进行了优化，发现苗期灌水 20～30mm，伸蔓期灌水 50～55mm，开花坐果期灌水 40～45mm，膨大初期灌水 70mm，膨大中期灌水 60～70mm，膨大末期灌水 60～65mm 是最优的灌溉制度。而由 Stricevic 等[71] 开发并向全球推行的一种水分驱动类作物生长模型软件 AquaCrop 则是求解作物灌溉制度的新尝试。该模型在国外研究中已取得良好效益[72]，在国内也对此模型进行应用与改进中。赵引等[73] 基于覆膜增温对大气积温的补偿效应以及覆膜和冠层截留对降雨入渗的影响对 AquaCrop 模型进行了改进，使其适用于我国西北旱区覆膜制种玉米的模拟。基于土壤水分分布的研究与作物生长模型对灌溉制度优化已达到相对成熟的阶段，但关于数学模型对膜下滴灌玉米灌溉制度的优化研究，仍停留于显著性或趋势分析等一般数据处理的方法。

1.2.2　膜下滴灌春小麦水氮高效利用研究

在农田系统中灌溉水与被施入土壤中的肥料两者对作物生长生产的相互作用被称为水肥耦合效应。水肥耦合会在作物生长生产中产生协同效应、叠加效应和拮抗效应 3 种不同的效应结果。协同效应是指水肥两者会相互促进，即其耦合效应大于各单因素作用之和；叠加效应是指水肥两者作用互不影响，即其耦合效应等于各单因素作用之和；拮抗效应是指水肥两者间会相互限制，即其耦合效应小于各单因素作用之和。在实际的农业生产中，确定合理的水肥投入区间即水肥耦合最优化区域是十分必要的，其最优化区域的两大目标是：提高作物水氮利用效率和增加作物产量。目前，关于滴灌小麦的相关研究较少。

水肥各单因素条件对小麦产量的影响都极显著，水氮互作效应也十分显著，水氮合理配合有明显的增产作用。在作物的栽培措施中，实现小麦优质高产高效的重要方法是合理利用氮肥对小麦光合作用的调控效果[74-75]。小麦生长前期的水分胁迫有利于加快发育进程，促使早进入抽穗期和灌浆期。水是抽穗期推迟和灌浆期缩短的主导因素。在灌浆期间，适宜的水分含量会增加小麦的灌浆时间，在此条件下小麦的灌浆速率高且持续时间长，这将使千粒重增加的潜力变大[76]。但高肥条件下，随着灌水次数的增加，土壤肥力会使小麦贪青进而造成晚熟，并易受干热风的影响，导致小麦倒伏减产等[77-78]。此外，水分过于缺乏时会抑制小麦生长和根系对养分的吸收。作物需水关键期为分蘖期、拔节期和灌浆期，这些时期缺水会降低小麦的穗粒重和生长量。补充同生育期内的灌水量不一定有利于小麦生长和根系的养分吸收，但结合拔节期和开花期补充灌溉水明显有利于作物增产。

研究表明，当种植地区不同时，小麦水氮适宜增产的阈值也会有所不同。在阈值范围内，水分增产效应与氮肥用量成正相关，氮肥的增产效应也与灌溉水量成正相关，反之，两者之间成负相关[79]。在同等田间管理水平和相同肥料水平下，当施氮量达到 221kg/hm² 时，春小麦产量的增加达到最大，再追加肥料会导致减产[80]。在适宜的范围下，小麦籽粒产量随着灌水量的增加而增加，但当灌水量到达一定值时，产量会随着灌水量的增加而降低[81]。Halvorson 等[82]发现，施氮量对旱地小麦产量的调控效应在不同年份略有不同，平均产量以施氮量为 84kg/hm² 时最高。谢英荷等[83]分别在年降水量为 182.6mm 和 142.2mm 的两个生长季进行了试验，提出了其适宜施氮量分别为 127.5kg/hm² 和 165kg/hm²。对于黄土高原南部旱地，王兵等[84]发现平水年和干旱年的施氮量范围分别是 0～45kg/hm² 和 0～90kg/hm²，此范围内小麦产量与施氮量呈正相关。

不同水氮耦合模式下作物耗水量有一定规律可循。在一定范围内，小麦全生育期的耗水量总体上与氮肥用量、灌水量表现出极好的正相关性，但因灌水不同而产生的耗水差异比因施肥量不同而产生的耗水差异要大[85-86]。

盛钰等[87]以旱区农田玉米水肥耦合试验为基础，利用一维土壤水动力学模型，模拟了不同水肥条件下根系吸水、土壤储水量变化以及田间土壤水量平衡。结果表明：玉米 30～40cm 土层吸水速率达到最大值；玉米灌水量为田间持水量的 70% 与 85% 对土壤 0～80cm 土层储水量的贡献是相等的，并且高肥力在一定程度上可增强根系的吸水能力，高灌水可增强玉米根系对养分的吸收利用，但对于提高水肥利用率来说，理想的处理是中肥中水。李法云等[88]研究表明，春小麦在 3 月播种时，土壤剖面 40～60cm 处水分含量较高，且水分含量随着土层深度增加而增加。在垂直分布的土壤水分方面，0～50cm 土层为土壤水分变化频繁活动层，50～100cm 土层为水分潜在供应层，100cm 土层以下为水分相对稳定层。春小麦生育前期，施用氮肥可以显著减少土壤表面无效蒸发量，提高土壤含水率。研究表明，施用氮肥与小麦籽粒产量表现出极好的正相关性[89-91]，增强其对土壤储水的利用能力[92]，提高水分利用效率。黄玲等[93]研究在干旱胁迫初期可通过施氮来提高土壤储水的利用率，灌水也可以补偿因施氮量不足导致的籽粒产量降低，但当施氮过多时，对灌水的补偿效应反而较小。

不同的施肥水平影响作物对水分的吸收利用，而土壤水分状况不仅影响肥料发挥的作用，还对养分在土壤中的累积、迁移、转化供作物吸收起着至关重要的作用，过量的水分纵向运移是导致土壤养分淋溶损失的关键因素。

研究表明，过量灌溉与过量施氮是导致土壤硝态氮在根层以下大量累积并逐年下移的根本原因，水肥施用量越大，淋溶损失越严重[94]，这不仅影响作物产量与品质，且造成土壤板结和加剧盐碱化等土壤环境退化问题的发生[95]。硝态氮是土壤中作物吸收的氮的有效形式之一[96]，不易被土壤颗粒吸附，易随水移动发生淋溶[97]，故导致土壤硝酸盐表层大量积聚的问题时常发生。合理的水肥管理模式对于防止土壤硝酸盐积聚具有重要意义。已有研究表明，适宜的施肥量可以提高作物根系的数量和关联性，扩大根系吸收水分和养分的空间，减少硝态氮在土壤中的累积，实现肥料的高效利用，减轻施肥对环境的负面影响[98]。

周荣等[99]研究发现低水低肥处理条件下，土壤硝态氮含量较低，垂向运移集中在 40cm 土层深度以内，40～60cm 土层变化不大；中水中肥处理下，土壤硝态氮含量相对过高，硝态氮的垂向运移明显比低水低肥条件下高，有一定的深层淋失，随着根系的逐渐壮大，40～60cm 土层的硝态氮被小麦吸收利用率较高；高水高肥处理下，土壤硝态氮要比中肥中水处理和低水低肥处理要高得多，但最高值的维系时间较短，降落速度较快，分析原因主要是由于频繁灌水，硝态氮的垂向运移要比其余两处理高得多，相应的淋失也最大。

不同的土壤质地对氮素淋溶的影响程度也不同，硝态氮更容易在质地较轻的土壤中淋溶。习金根等[100]用土柱模拟的方法研究了滴灌条件下氮肥在土壤中的流失状况，结果表明黏壤土氮素的淋失量明显低于砂壤土。Wang 等[101]的研究结果表明，砂质土壤硝态氮容易淋洗，尤其是在施肥后最初的几次灌水后[102]。

有研究表明，旱地农田增施肥料是提高作物水分利用效率和底墒利用率重要的措施之一，随氮肥用量的增加水分利用效率也增加，二者呈直线关系。在干旱地区随着降雨量的增加，肥料的生产效率、水分利用效率逐渐提高。Montgomery 等在 Mabraka 地区研究土壤肥力对玉米生长需要的影响时发现，高肥力条件下土壤单位用水生产玉米产量较高，而且适时适量的增施有机肥能迅速增加玉米水分利用效率[103]。张岁岐等[104]的试验结果表明，旱地施肥能显著提高作物产量及水分利用效率，但干旱的程度显著影响施肥效果；李生秀等[105]的研究结果表明，施氮处理与无氮处理相比，虽然两者消耗的土壤水分无明显区别，但施氮处理产量增加显著且能明显提高水分利用效率。李裕元等[106]的试验表明，施肥对麦田土壤水分动态变化的影响较小，但可以显著提高小麦的产量和水分利用效率。

施氮在 0～225kg/hm² 范围内，随氮肥用量的增加，小麦对氮的吸收量、籽粒粗蛋白质含量、籽粒产量和茎叶干重等指标增加显著，但氮的收获指数和氮肥的农艺效率却呈下降趋势[107]。当施氮量在 150kg/hm² 以上时，不能显著增加植株氮素积累量，随施氮量增加，氮素吸收效率和氮素利用率下降，氮肥生产效率降低，氮素收获指数也降低[108]。在施氮量 180kg/hm² 的基础上继续提高氮素用量，植株全氮积累量下降，而土壤硝态氮积累量却开始大幅度增加[109]。水分既影响土壤养分的有效性，也影响作物对养分的吸收、转运、转化和同化，在水分逆境下，小麦开花前储存在叶片、叶鞘和茎秆、颖壳等主要营养器官中氮素的再转运量和再转运率以及开花前储存氮素的总运量和总转运率降低，从而直接影响籽粒氮素积累量和籽粒产量。改善土壤水分状况可促进氮素自营养器官向籽粒的转移，增加总氮素产量和生物产量，但过量灌水也会降低籽粒氮素分配比例和氮素利用率[110]。王声斌等[111]研究表明，冬小麦在高灌处理条件下氮素积累及对氮素的利用率均较高，而氮素损失量则在低灌处理下较多，低灌导致肥料氮在施肥初期损失量过大，这也就造成低灌条件下的肥料氮素损失总量较大。

1.2.3 膜下滴灌打瓜水氮高效利用研究

耦合一词用于化学、物理等学科方面，耦合是指两个或者多个系统（或者物质）相互影响整合为一个整体的过程。耦合效应是指多个系统耦合后对自身系统或者其他系统所产生的表现形式。水肥耦合是指将化合物水和化合物肥通过某种方式组合在一起形成混合物的过程。水肥耦合在农业领域中更多强调的是水和肥两大因素相互交融且同时作用于作物，最终作物表现出的状态，和水或者肥单独作用于作物的表现状态相比之间的差异。

水肥耦合技术发展至今，国内外有很多学者对水肥耦合作物做了详细研究，水肥耦合技术的发展可以分为3个层面：①水肥耦合及水肥一体化技术的逐步成熟；②"水肥耦合"应用范围逐渐从粮食作物扩大至经济作物[112]；③水肥耦合与物理模型、数学模型、程序模型的结合使用[113]。李文证[114]对马铃薯水肥耦合进行研究表明：在一定范围内，随着灌水定额的增加，马铃薯对磷肥和钾肥的利用率逐渐增高。随着氮肥和磷肥的增加，植株对钾肥的利用率逐渐增大。肥料的施用量和作物对该肥的利用率的关系呈单峰曲线，随着肥料施用量的增加该肥利用率逐渐减少。水氮量的增加促进马铃薯产量的增加，氮肥和钾肥同时作用于马铃薯，其产量较常规处理无明显变化，而磷肥和钾肥互作时产量最大。合适的水肥、肥肥组合有利于产量的增加。有利于提高肥料利用率的处理和有利于增产调质的处理并不相同。

水肥耦合条件下，水肥对作物起到相互调节作用，从生长指标及产量的表现可以得出水肥对作物正负影响规律[115-117]。罗顺[118]在甘肃西北部河西走廊对膜下滴灌水肥耦合葡萄进行研究，试验表明：施肥和灌水都能改善作物对灌水和施肥的利用率，两因素相互调节。在试验范围内，施肥量的增加增强了对水肥正向的作用。与沟灌相比，膜下滴灌水肥作物物候期提前，提高产量的作用显著。权丽双[119]在石河子大学试验地对油葵水氮进行了研究，结果表明：作物对水氮的响应敏感，主要表现在生理特性上。生物产量和经济产量受水肥影响较大，在设计范围内，随着水肥量的增加，生物产量和经济产量整体呈现增加态势。水氮对油葵植株内氮元素的演变，表现出较强的正向促进作用。田建柯[120]对水肥耦合小麦进行研究，试验表明：不同水肥组合对作物地上部分氮元素的积累影响显著，在一定施肥量下，氮素积累量随着灌水定额的增加而增加。

在一定灌水定额下，施肥量增加，氮素总量呈下降态势。小麦株高和叶面积等指标的变化规律与地上部分氮素积累量规律具有一致性，灌水量增大或者施肥量减少均能使株高和叶面积增大。研究表明，在排除其他破坏的基础上（如病虫害、极端天气等），作物干物质累积量主要和 3 个因素有关：灌水定额、施肥量和作物生育期。在苗期时，作物干物质积累量主要受自身所处的生育阶段影响[121]，在不同水肥组合下干物质累积量差异不显著，在较高的灌水定额下，不同肥处理下干物质积累无明显差异[122-123]。

作物果实生化指标品质在不同水肥组合中表现出显著差异。王程翰[124]在对水肥耦合葡萄的研究中表明：定水增肥时，葡萄中可溶性固形物含量先增加后减少并出现峰值，在中度灌水量和中度施肥量处理中可溶性固形物含量最高，但是可滴定酸和可溶性糖在中水中肥处理下营养物质中占比却不是最高的。刘学娜[125]在水肥耦合试验基础上进行黄瓜生化指标品质研究，结果表明：水肥耦合处理能较大程度地提升黄瓜品质，随着施肥量的增加，还原糖、蔗糖、可溶性蛋白质含量都有所增加，但也有部分品质指标随着施肥量的增加而降低。石小虎[126]在水肥耦合试验的基础上对大田作物番茄进行分析，结果表明：在定水增氮条件下和定氮增水条件下都能提高部分生化指标，这两种条件下也有差异，硝酸盐含量随着水、肥的增加，表现出不同变化规律。水分对黄瓜品质影响较大，灌水量最小、施氮量最大处理下黄瓜品质最差。石小虎研究结论与王程翰研究结论具有相似性，石小虎研究番茄生化指标品质，在试验设计的中等水量氮量处理条件下，番茄品质最佳。

水肥耦合条件下不同深度土层土壤含水率不同。王海东[127]在棉花水肥耦合试验的基础上，研究了滴头周围不同深度土壤含水率的差异性。表明在一定范围内距滴头越远的水平地面测点，在不同灌水处理下，相同深度土壤水分差异越不明显，距滴头 15cm（或者 30cm）处的水平地面测点，$60\%ET_c$、$80\%ET_c$、ET_c 处理下 1～60cm 深度土层含水量较少。聂堂哲[128]利用玉米膜下滴灌水肥耦合试验，研究了土壤水分分布规律，结果表明：不同生育期阶段，土壤水分表现出不同规律。在玉米整个生育期内，土壤含水量变化态势为先增大后减小。其中在玉米灌浆期，土壤含水量达到顶峰。以 20cm 深度土层为分界线，20cm 深度土层以上含水量增减较为频繁，且最大土壤含水量和最小土壤含水量极值较大。马慧娥[129]在马铃薯水肥耦合试验基础上对土壤水分进行研究，结果表明：在对应大田作物生长全时段，对应作物种植的土壤水分受灌水定额影响呈波动变化。总灌水量与作物蒸发蒸腾速率呈反向关系。在马铃薯不同生育期，土壤水分与水平地面垂直向心距离具有不同规律，在苗期时，土壤水分含量随深度加深而增大。

同种作物不同器官的水分利用效率不同，随着水肥组合的变化同种器官的水分利用效率也存在差异[130]。郭丙玉[131]利用玉米水肥耦合试验，对作物水分利用效率进行研究，结果表明：干物质的水分利用效率随着土壤含水率的增大而减小。随着施肥量的增加，干物质水分利用效率呈单峰曲线变化，先增大后减小。玉米的生物产量、经济产量和干物质水分利用效率变化规律一致。陈俊秀[132]认为随着水肥供应量的减少作物经济产量水分利用效率逐渐增大。在定水增肥情况下，作物水分利用效率先增大后减小。

1.2.4 膜下滴灌食葵灌溉制度研究

向日葵属菊科向日葵属栽培种[133]，原产北美洲，依据向日葵功能可划分为油料向日葵和食用向日葵（简称食葵）两种，向日葵营养丰富，具有蛋白质、果糖和无氮浸出物[134]，可作为榨油原料、休闲食品、保健食品和饲料等。作为我国重要经济作物之一，食葵具有抗旱耐碱和强适应性[135]。新疆光热能源充足，具有利于食葵生长的地理优势。食葵种植成本低且经济效益高，新疆食葵种植面积逐年增加，常年种植面积 20 万 hm² 左右，仅次于全国食葵种植面积最大的内蒙古自治区[136-137]。目前对食葵多品种比较、机械化收获、病虫害防治等方面的研究居多[138]，在食葵产量研究方面，多以提出新农艺和新栽培技术形式表现[139]，在食葵耗水规律和产量构成方面少有研究。新疆地处亚欧大陆腹地，具有水资源少、水资源分配不均、降雨量低和年蒸发量高等特点，且农业水资源利用效率低，严重阻碍新疆农业经济和农业生态发展[140-141]。北疆食葵种植农艺措施更新相对较慢，在农业种植生产中节水效果有待改善[142]，为此，本书在大田试验的基础上，分析不同灌水定额下食葵耗水规律和作物系数变化规律，及其对产量和产量构成的影响，讨论食葵耗水规律与生长指标和产量构成的关系，并结合投影寻踪聚类模型，确定适合当地食葵种植的灌溉制度，以期为阿勒泰地区食葵节水灌溉的发展提供理论支持。对北疆推进节水灌溉事业发展具有重要意义。

食葵依靠抗旱耐碱特性能良好适应新疆干旱少雨和土地碱性大的种植环境[143]。新疆在成为全国第二大食葵种植面积区[135-136]的同时，浪费农业水资源现象逐渐加剧，北疆食葵灌溉制度相对守旧，水资源利用效率低，严重阻碍新疆农业经济及生态发展[144]。不同灌水定额对食葵影响方面的研究不多。相关研究表明，向日葵长势和产量对不同灌水定额响应状态具有差异性，合适的灌水定额既能保证植株长势良好又能增加产量[145-146]。田德龙等[147-148]研究发现626～1088m³/hm²灌水量下向日葵株高、茎粗和叶片长势较优，且产量较高。郭富强等[149]研究表明与正常灌水定额相比，80%正常灌水定额能有效促进向日葵产量和株高增大。曾文治[150]研究发现在氮和盐施加量一定时，灌水量为65%田间持水率可以促进向日葵株高、花蕾直径、产量增大，效果显著。目前，关于北疆地区膜下滴灌食葵生长和产量方面的研究较为少见。在农业生产活动中北疆多以作物长势的好坏作为预测收获丰歉的依据，且作物灌溉制度多以增大产量为目的，其节水效能亟待增强[151-152]。以不同灌水定额下食葵生长指标的分析和评价为主，以促进食葵植株生长、提高食葵产量和水分利用效率为目标，结合时序动态评价方法，探究不同灌水定额对食葵生长指标的影响和分析不同灌水定额下食葵生长指标与产量、耗水量的关系，以期为北疆地区改进食葵灌溉制度和类似研究提供科学依据，对指导北疆滴灌食葵灌溉具有重要意义。

1.2.5 浅埋式滴灌苜蓿灌溉制度研究

新疆阿勒泰地区是我国畜牧区的重要基地之一[153]。牧业是阿勒泰地区的支柱产业，截至 2014 年年底，阿勒泰地区牧业总产值占农林牧渔业总产值的 42.7%；由于该地区气候干燥、土壤多砾石、缺水等因素，造成牧草量少质差，加之冬季雪大雪厚的环境因素使苜蓿成为当前牧区饲料的首要选择[154]。苜蓿种植面积占地区农业总种植面积的 15%[155-156]，是当地第三大种植业。由于农业和社会经济不断发展，该地区畜牧业发展与水资源紧缺之间的矛盾日益突显。传统的苜蓿种植通常采用地面灌，易造成水肥淋洗，苜蓿产量及水肥利用效率低。相关研究表明，地下滴灌苜蓿的干草产量显著高于常规沟灌，滴灌带埋深宜为 30～35cm[157-159]。由于阿勒泰地区苜蓿主要种植区域土层薄，且表层土中砾石较多，若滴灌带埋设深度采用 30～35cm，铺管机械阻力很大，埋设困难，同时容易造成灌溉水的深层渗漏。浅埋式滴灌因其埋设深度较浅，较好地解决了地下滴灌出苗率低、容易产生深层渗漏等问题，同时降低了系统投资成本[170]。近年来，阿勒泰地区逐渐将浅埋式滴灌技术应用于苜蓿栽培，但有关浅埋式滴灌苜蓿适宜灌溉制度的研究鲜有报道。

苜蓿作为种植最广泛的多年生牧草作物，对我国畜牧业与农业的发展发挥着重要作用[161-162]。因此探究苜蓿耗水规律和产量对不同灌水定额的响应意义深远。但该地区农业发展仍处于初始阶段，而苜蓿属多年生作物，苜蓿收割时会损坏喷头与滴灌带，地表喷灌与滴灌技术的应用受到阻碍，故开始采用地下滴灌技术。前人研究表明，滴灌比漫灌苜蓿的总水分利用效率高 42%～44%；灌水量相同条件下干草的产量增加显著[163]。Godoy 等[164]研究表明，滴灌比漫灌苜蓿的干物质量多出 16%～23%。与喷灌和畦灌相比，滴灌苜蓿的产量与水分利用效率均达到显著水平（$P<0.5$）[165]。在充分灌溉和水分胁迫处理下，地下滴灌苜蓿的产量与水分利用效率最高，其次是滴灌，最后是喷灌[166]。夏玉慧等[167]研究表明，滴灌深埋为 30cm 时，苜蓿开花期、结实期的干物质积累量和净增长量均最好。地下滴灌埋深为 20cm 时能显著提高苜蓿干草产量[168-169]。但 Wang 等[170]研究表明，地下滴灌埋深为 10cm 时的干产量和水分利用效率均高

于埋深为 20cm 和 5cm 时。苜蓿地下滴灌优于其他灌溉技术已得到大多数学者和农户的认可并广泛应用于苜蓿栽培。目前对苜蓿的研究多集中在生理特性、品种选育、品质和产量等方面[171-173]。但阿勒泰地区苜蓿多以漫灌为主，农田灌溉水浪费现象严重，而且该地区土壤是由砂土、卵石等组成的多砾石砂土，土壤持水能力较差，浅埋式滴灌苜蓿有其自身特点。以节水增产为目的，研究灌水定额对多砾石砂土浅埋式滴灌苜蓿耗水规律和产量的影响具有实际意义。因此进行了多砾石砂土浅埋式滴灌苜蓿灌溉制度的研究，为改进当地浅埋式滴灌苜蓿灌溉制度提供理论依据。

1.2.6 综合评价在农业领域的应用

膜下滴灌经济作物水氮高效利用及灌溉制度的确定受多重因素影响[174]。针对此类复杂的综合评价问题，评价方法决定评价结果的客观性、公正性与合理性[175]。水分利用效率法能反映水的利用效率及产生的经济效益，但往往受试验数据的随机误差影响较大[176]。该方法的评价结果不能产生使经济效益最优的唯一评价值，需要评价者对评价结果进行主观分析并决策[177-178]。随着科学技术的发展，模糊综合评判法在农业灌溉领域得到广泛应用[179]。模糊综合评判法是一种基于模糊数学的综合评价方法，不仅能规避一般分析方法的弊端，而且能对多主体评价信息整合使其得到最优唯一解[180]。模糊综合评判法适用于各领域非确定性问题的解决，可用于多因素多层次的大田试验节水评价[181]。模糊综合评判法可用于最优沟灌方式的获取，结论更为科学合理、符合生产实情[182]。模糊综合评判法具有明显的准确性和可比性，能为农业机械领域提供科学、准确的决策依据[183]。模糊综合评判法能为优化灌水定额的选择提供科学依据，能获得不同水肥处理下樱桃番茄综合生长的评判指数且评价更为可靠[184]。基于模糊综合评判法对灌溉制度的优化，对推动灌溉制度的制定，做出科学的决策具有重要意义。

主观和客观赋权法互有长短且评价结果存在非一致性，很难做到全面性评价[185-186]。组合评价方法能降低评价过程的误差，增强评价结果的稳定性[187-188]。层次分析法（analytic hierarchy process，AHP）由 T. L. Satty 提出，适用于考虑因素较多且无法准确决策的问题[189-190]。但随着 AHP 法在各研究领域的应用不断深入，AHP 法存在的不足逐渐显露。传统 AHP 法依据单一专家经验构造判断矩阵主观性较大，存在的缺陷将影响评价结果的科学性与准确度[191]。在权重确定过程中，由于评价者知识经验的限制缺乏对实际数据的客观反映，主观随意性较强[192]。调整判断矩阵使其满足一致性检验过程中，判断矩阵的调整带有主观性和盲目性，可能导致评价结果的失真[193]。为了弥补单一评价方法存在的缺陷，众多学者对组合评价方法进行了探讨研究。决策投资蔬菜保鲜项目时，验证了双组合评价方法的可行性与有效性[194]。层次分析法与熵权法结合确定权重的方法，在综合能源系统进行效益评价过程中具有可行性和有效性[195]。基于组合评价方法对青岛市工业发展潜力进行评价，采用 ROC（receive operating characteristic）法说明了该模型的有效性[196]。为了完善农业灌溉领域评价体系，寻求适宜的组合评价方法对促进农业灌溉技术具有一定的实际意义。

　　本书从改善种植环境挖掘膜下滴灌经济作物增产潜力和提高绿洲区水分利用效率着手，在新疆北部阿勒泰地区多砾石砂土土壤质地条件下，通过设定不同灌水定额来研究分析不同灌水定额处理对膜下滴灌经济作物生理指标、产量、水分利用效率以及土壤剖面水分动态变化及其分布的影响，通过对膜下滴灌经济作物的生理指标、产量与水分利用效率的测定，初步确定增产和水分利用效率兼优的灌溉制度。分析多砾石砂土膜下滴灌经济作物土壤剖面水分动态变化及其分布从而优化灌溉制度。模糊综合评判的数学模型不仅验证了灌溉制度的科学合理性而且对推动灌溉制度评价体系的完善具有一定的理论意义。水资源合理配置是实现绿洲水资源的高效利用兼顾作物高产的最佳灌溉模式，这对保障新疆现代化农业发展起重要的作用，同时对稳定新疆的粮食生产，切实保障农作物和粮食安全具有非常重要的意义。

第2章 试验设计与方法

2.1 试验区概况

试验于阿勒泰灌溉试验站（北纬 $47°00'56''\sim47°01'56''$，东经 $87°35'56''\sim$ $87°36'01''$）进行。试验区高程 550m，年均太阳辐射总量 $564.7kJ/cm^2$，光合有效辐射量为太阳总辐射量的 48%。作物生长期日照时数在 1900h 左右，年均气温 4.0℃，极端最高气温 41℃，极端最低气温 -42.7℃，气温年差达 83.7℃，$\geqslant$0℃的积温为 3272.6℃。年均蒸发量为 1844.4mm 以上，是年均降雨量的 15 倍以上，作物生长期日均相对湿度低于 30%，2016—2017 年气象数据见表 2.1 和表 2.2。经土壤颗分检测并按照美国农业部土壤质地三角形进行土壤颗粒划分，试验地土壤质地为多砾石砂土，土壤物理性状见表 2.3。土壤可溶性盐检测发现，土壤呈弱碱性，渗透系数较大，肥力较差，土壤酸碱度及微量元素含量见表 2.4。

表 2.1　　　　　　　　　　　2016 年气象数据

气象因素		最高温度 /℃	平均温度 /℃	最高风速 /(m/s)	平均风速 /(m/s)	总降雨量 /mm	有效降雨量 /mm
5 月	下旬	29.64	18.97	9.06	2.01	0.80	0
6 月	上旬	34.62	23.74	9.06	2.42	11.30	0
	中旬	31.51	21.66	8.05	2.89	14.80	14.20
	下旬	32.87	21.59	9.06	1.58	5.80	5.80
7 月	上旬	32.67	24.43	6.54	1.97	22.80	22.80
	中旬	35.32	24.54	8.05	1.46	2.00	0
	下旬	34.84	24.67	7.05	1.05	4.80	0
8 月	上旬	35.50	23.43	7.05	1.66	7.40	5.10
	中旬	31.64	22.36	5.03	0.84	0.60	0
	下旬	32.59	21.41	4.53	0.89	0	0
9 月	上旬	32.56	19.82	9.06	1.04	0	0

15

表 2.2　　　　　　　　　　　　2017 年 气 象 数 据

气象因素		最高温度 /℃	平均温度 /℃	最高风速 /(m/s)	平均风速 /(m/s)	总降雨量 /mm	有效降雨量 /mm
5 月	下旬	33.42	20.30	13.09	3.34	24.00	23.6
6 月	上旬	32.36	21.63	11.08	2.74	16.80	14.00
	中旬	37.18	25.68	14.09	1.78	2.60	0
	下旬	36.20	25.76	8.56	2.17	4.40	0
7 月	上旬	37.32	25.12	9.06	1.80	3.40	0
	中旬	33.29	24.58	6.54	1.41	0	0
	下旬	39.29	26.39	5.54	0.85	0	0
8 月	上旬	33.39	23.25	6.54	1.32	10.80	0
	中旬	35.48	20.93	8.05	1.02	11.80	6.20
	下旬	28.52	18.43	5.03	1.00	0	0

表 2.3　　　　　　　　　　土 壤 物 理 性 状

土层深度 /cm	颗粒含量/%				土壤质地	土壤干容重 /(g/cm³)	田间持水率 /%
	黏粒 <0.002mm	粉粒 0.002～0.05mm	砂粒 0.05～2mm	石粒 >2mm			
0～20	10.12	31.13	45.4	13.35	多砾质土	1.75	22.13
20～40	9.59	23.24	38.98	28.19	多砾质土	1.76	20.86
40～60	6.38	18.94	25.85	48.83	轻砾石土	1.79	17.22

表 2.4　　　　　　　　土壤酸碱度及微量元素含量

土层深度 /cm	pH 值	渗透系数 /(mm/d)	速效氮 /(mg/kg)	速效钾 /(mg/kg)	速效磷 /(mg/kg)	有机质含量 /%	全氮含量 /%
0～20	8.62	7.86	20.54	98.61	10.34	0.213	0.027
20～40	8.46	8.73	19.23	93.57	8.91		
40～60	8.45	9.75	18.73	85.02	7.75		

2.2　膜下滴灌玉米试验设计

选用适宜在≥10℃的积温为 2600℃以上地区种植的先玉 1331 号玉米为供试

品种。采用单翼迷宫式滴灌带，滴头流量为 3.6L/h，滴头间距为 0.3m。用文丘里施肥罐进行施肥。选用 QT－303 型号、长 700mm、直径为 44mm 规格的 Trime 管进行田间布置，玉米种植模式及 Trime 管平面布置如图 2.1 所示。土壤水分含水率由德国生产的土壤水分探测仪 TRIME－IPH 通过预先布置好的 Trime 管进行测量。

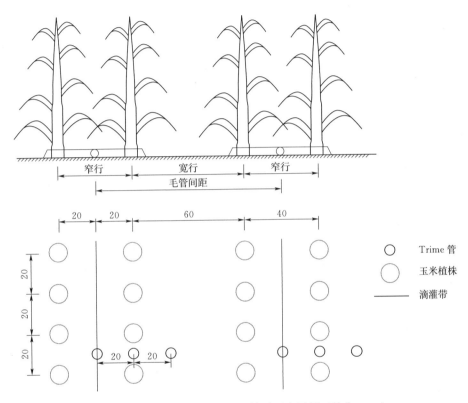

图 2.1　玉米种植模式及 Trime 管平面布置图（单位：cm）

试验设 5 个灌水定额处理（30.0mm、37.5mm、45.0mm、52.5mm、60.0mm）。为了保证各试验小区出苗率，于 5 月 15 日灌出苗水，各处理灌水定额均为 30mm；拔节期为了充分蹲苗，各处理均采用 37.5mm 灌水定额于 6 月 10 日进行补水；拔节期后灌溉制度见表 2.5。5 月 13 日播种并施加底肥（磷酸二铵 150kg/hm²，硫酸钾镁肥 90kg/hm²）；分别于 7 月 12 日、7 月 19 日、7 月 25 日和 8 月 9 日采用滴施方式施加尿素（225kg/hm²）；10 月 3 日测产并收获，玉米生育期划分见表 2.6。为保证试验合理性，各试验小区随机布置，每个处理设 3 个重复，小区之间均设有 1.5m 隔离带，防止水分交互；玉米试验田面积 0.55hm²，各小区面积 0.03hm²，各小区定苗株数均为 3000 株。

表 2.5　　　　　　　　　　玉米拔节期后灌水设计方案

处理	灌水定额/mm	灌水周期/d	灌水次数/次	灌溉定额/mm
W1	30.0	7	9	270.0
W2	37.5	7	9	337.5
W3	45.0	7	9	405.0
W4	52.5	7	9	472.5
W5	60.0	7	9	540.0

表 2.6　　　　　　　　　　玉 米 生 育 期 划 分

生育阶段	苗期	拔节期	喇叭口期	抽雄散粉期	乳熟期	完熟期
时间	5月24—28日	5月29日—6月14日	6月15日—7月15日	7月16日—8月6日	8月7日—8月26日	8月27日—9月25日

2.2.1　测定项目与方法

（1）作物生长期的气温、辐射、降雨等常用气象数据由站内安装的 HOBO 小型自动气象站全天候自动观测，每 30min 测定一次。

（2）采用 TRIME-IPH 在播种前、收获后、灌前、灌后测定土壤剖面含水率（体积），生育阶段转变与降雨需进行加测；开始灌水后每隔 1h 测定一次土壤含水率（至灌水结束），灌水结束后每隔 4h 测定一次（72h 后结束测定）。按每 10cm 分层，测定 0~60cm 深度土壤含水率。旱作物的生育期任一时段内，作物耗水量根据农田水量平衡方程计算[197]。

$$ET = W_0 - N_t + W_T + P_0 + K + M \qquad (2.1)$$

式中：ET 为时段 t 内的作物耗水量，mm；W_0、W_t 分别为时段初与时段末的土壤计划湿润层内的储水量，mm；W_T 为由于计划湿润层增加而增加的水量，mm，本试验不涉及计划湿润层的增加，故 $W_T = 0$；P_0 为土壤计划湿润层内保存的有效降雨量，mm；K 为时段 t 内的地下水补给量，mm；由于试验区地下水埋深大于 6m，因此不考虑地下水补给，即 $K = 0$[198]；M 为时段 t 内灌溉水量，mm。

（3）株高：玉米生育初期每小区选取 5 株长势均匀的玉米并标记，采用卷尺（0.1cm）在拔节期和乳熟期各测量一次株高，喇叭口期与抽雄散粉期各测量 3 次株高；玉米株高在抽雄散粉期之前为玉米基部至玉米顶端两片叶子的交汇处的高度，抽雄散粉期至乳熟期为玉米基部至雄穗尖端的高度。

（4）叶面积指数：测量株高的同时，采用卷尺（0.1cm）沿叶片主脉分别测定 5 株玉米叶片的长度和叶片最宽处的宽度，采用长宽系数法计算玉米叶面积，

经验系数取 $0.75^{[199]}$，计算叶面积指数的公式见式（2.2）。

$$LAI = \frac{\frac{1}{m}\sum_{i=1}^{n}L_iD_iKD_r}{S}$$ （2.2）

式中：LAI 为叶面积指数；m 为取样株数，株；n 为取样植株的全部叶数，片；L_i 为叶片长度，cm；D_i 为叶片宽度，cm；K 为叶面积校正系数；D_r 为植株密度，株/m^2；$S=10000$，cm^2/m^2。

（5）茎粗：测量株高的同时，采用电子游标卡尺（0.01mm）分别测定 5 株玉米距地面 2cm 处的茎粗。

（6）叶绿素含量：测量株高的同时，采用 SPAD – 502Plus 型叶绿素仪测定 5 株玉米叶绿素含量，每株测定 3 片叶片且位置要在同侧同一高度，分别测定每片叶片的叶尖、中部和叶根处。

（7）在收获期，每个试验小区随机选取 5 株玉米作为研究对象，采用卷尺（0.1cm）分别测量玉米的穗位高、穗长、秃尖长。在试验站办公区脱粒，数出每穗粒数并用电子秤（0.01g）对随机选取的 100 粒玉米粒称重得到百穗重，3 个重复取平均。按小区编号将玉米籽粒放置在干燥且通风的水泥路面上标记并进行晾晒，当籽粒晾晒至含水率为 14％时称重并折合单位面积产量[200]。

（8）水分利用效率[201]与灌溉水利用效率[202]算式如下：

$$WUE = Y_a/ET_a$$ （2.3）

$$IWUE = Y_a/I_{tot}$$ （2.4）

式中：WUE 为水分利用效率，$kg/(hm^2 \cdot mm)$；$IWUE$ 为灌溉水利用效率，$kg/(hm^2 \cdot mm)$；Y_a 为玉米产量，kg/hm^2；ET_a 为生育期间实际耗水量，mm；I_{tot} 为生育期内总灌水量，mm。

2.2.2 模糊综合评判模型的建立

首先确定评价对象的因素论域。也就是说从生长指标（株高、叶面积指数、茎粗）、产量构成（穗长、每穗粒数、秃尖长、穗高、百粒重）、产量、耗水量、WUE 和 $IWUE$ 作为评价对象的因素论域进行评判描述。

$$U = \{U_1, U_2, \cdots, U_m\}$$ （2.5）

接着对评判因素论域中数据进行归一化处理。评判因素论域中秃尖长和耗水量是异向指标，按式（2.6）进行归一化处理，其余正向指标按式（2.7）进行归一化处理。

$$X(i,j) = \frac{x_{\min(j)}}{x(i,j)}$$ （2.6）

$$X(i,j) = \frac{x(i,j)}{x_{\max(j)}}$$ （2.7）

式中：$X(i,j)$ 为各指标特征值得归一化序列；$x(i,j)$ 为第 i 个处理中第 j 个指标值；$x_{\max(j)}$ 为第 j 个指标中最大值；$x_{\min(j)}$ 为第 j 个指标中最小值。

进行单因素评价，建立模糊关系矩阵 R。也就是说单独从一项指标出发进行评价，以确定评价对象对评价集合的隶属度。其中（$i=1,2,\cdots,5;j=1,2,\cdots,m$）

$$\gamma(i,j) = \frac{X(i,j)}{\sum_{j=1}^{m} X(i,j)} \tag{2.8}$$

$$R = \begin{bmatrix} r_{11}, & r_{12}, & \cdots, & r_{1m} \\ r_{21}, & r_{22}, & \cdots, & r_{2m} \\ \vdots & \vdots & & \vdots \\ r_{n1}, & r_{n2}, & \cdots, & r_{nm} \end{bmatrix} \tag{2.9}$$

权重的确定。权重的适宜度决定模型的成败，专家预测法存在许多主观因素，可能会使模型结果失准，很有可能得不到有意义的评判结果[203]。故本书采用加权平均法进行权重的确定。

$$W_j = \frac{\lambda_j/\theta_i}{\sum \lambda_j/\theta_i} \tag{2.10}$$

式中：W_j 为权重值；λ_j 为某项指标的实测值；θ_i 为某处理的加权平均值；其中 $\sum W_j = 1$。

最后进行综合评判。根据式（2.11）进行综合评判，其中权重 $W = (W_1, W_2, \cdots, W_m)$；"。"为模糊合成算子；$B$ 为模糊综合评价结果向量。

$$B = W \circ R = (W_1, W_2, \cdots, W_n) \begin{bmatrix} r_{11}, & r_{12}, & \cdots, & r_{1m} \\ r_{21}, & r_{22}, & \cdots, & r_{2m} \\ \vdots & \vdots & & \vdots \\ r_{n1}, & r_{n2}, & \cdots, & r_{nm} \end{bmatrix} \tag{2.11}$$

2.2.3　层次分析法模型的建立

AHP 法能将领域中因素间及其与边界模糊定量化，对目标产生唯一评价值并选出最优对象。为了寻求适宜多砾石砂土膜下滴灌玉米的灌溉制度，AHP 法决策目标、考虑因素和决策对象按相互关系分成目标层、准则层和方案层，如图 2.2 所示。其中 $A_1 \sim A_9$ 分别代表：穗长、每穗粒数、百粒重、穗位高、秃尖长、产量、WUE、耗水量和 $IWUE$；$B_1 \sim B_5$ 分别代表 5 种灌水定额：30.0mm、37.5mm、45.0mm、52.5mm 与 60.0mm。

相关性与显著性分析基础上结合 1～9 标度法进行赋值并构造各层成对比较矩阵，1～9 标度法[204]见表 2.7。根据式（2.12）计算成对比较矩阵每列之和，其中 j 代表列数；按式（2.13）进行归一化处理得到隶属度矩阵；由式（2.14）计算隶属度矩阵每行之和，其中 i 代表行数；最终按式（2.15）计算层次单排序

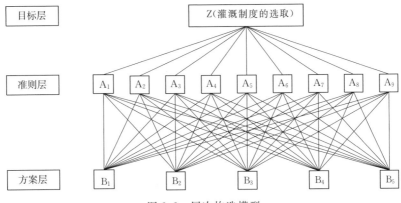

图 2.2　层次构造模型

的归一化特征向量。归一化特征向量能否作为权向量，需要进行一致性检验。由式（2.16）判断成对比较矩阵是否一致阵，若满足，则归一化特征向量能作为权向量；若不满足，则需要进行一致性检验。根据式（2.17）求得成对比较矩阵的最大特征根，代入式（2.18）计算一致性指标 $C.I.$，由表2.8查10维矩阵的随机一致性指标 $R.I.$，由式（2.19）计算一致性比率 $C.R.$。若 $C.R.<0.1$，认为层次单排序通过一致性检验，具有满意的一致性；否则需要重新构造成对比较矩阵，直到满足条件为止。最终按式（2.20）计算层次总排序权向量。

$$a_j = \sum_{i=1}^{n} a_{ij} \quad (j=1,2,3,\cdots,m) \tag{2.12}$$

$$A_{ij} = \frac{a_{ij}}{a_j} \tag{2.13}$$

$$A_i = \sum_{j=1}^{m} A_{ij} \tag{2.14}$$

$$\boldsymbol{W} = \frac{A_i}{\sum_{i=1}^{n} \sum_{j=1}^{m} A_{ij}} \tag{2.15}$$

$$f(x) \begin{cases} a_{ij} = a_{ik}a_{kj}, & \text{一致阵} \\ a_{ij} \neq a_{ik}a_{ki}, & \text{不一致阵} \end{cases} \tag{2.16}$$

$$\boldsymbol{AW} = \lambda_{\max}\boldsymbol{W} \tag{2.17}$$

$$C.I. = \frac{\lambda_{\max} - n}{n-1} \tag{2.18}$$

$$C.R. = \frac{C.I.}{R.I.} \tag{2.19}$$

$$W_i = z_1 d_{1i} + z_2 d_{2i} + \cdots + z_9 d_{9i} \tag{2.20}$$

表 2.7　　　　　　　　**1～9 标 度 法**

标度	含　义
1	表示两个因素相比,具有同样重要性
3	表示两个因素相比,一个因素比另一个因素稍微重要
5	表示两个因素相比,一个因素比另一个因素明显重要
7	表示两个因素相比,一个因素比另一个因素强烈重要
9	表示两个因素相比,一个因素比另一个因素极端重要
2,4,6,8	上述两相邻判断的中值
倒数	因素 i 与 j 比较的判断 a_{ij},则因素 j 与 i 比较的判断 $a_{ji}=1/a_{ij}$

表 2.8　　　　　　　　**10 维矩阵的随机一致性指标 R.I.**

维数	1	2	3	4	5	6	7	8	9	10
R.I.	0	0	0.52	0.89	1.12	1.26	1.36	1.41	1.46	1.49

注　此表为 1～10 维矩阵重复计算 1000 次的平均随机一致性指标。

2.3　膜下滴灌春小麦试验设计

本试验为连续滴灌小麦水肥试验。试验开始于 2016 年 4 月,本数据为 2016 年 4 月至 2017 年 8 月两年度试验。春小麦选用石河子大学农学院培育的新春 37 号。播种量为 $420kg/hm^2$。试验采用滴灌的灌溉方式,布置方式为 1 管 4 行,小麦行距 0.15m。毛管间距 0.6m,滴头间距 0.25m,滴头流量 2.6L/h,额定工作压力 0.1MPa。小麦生育期见表 2.9。

表 2.9　　　　　　　　**小 麦 生 育 期**

生育期	播种—出苗期	出苗期—分蘖期	分蘖期—拔节期	拔节期—孕穗期	孕穗期—抽穗扬花期	抽穗扬花期—灌浆期	灌浆期—成熟期
时间	4 月 22 日—5 月 14 日	5 月 15—27 日	5 月 28 日—6 月 4 日	6 月 5—9 日	6 月 10—25 日	6 月 26 日—7 月 5 日	7 月 6—22 日

试验设置水分和氮素两个因素。两年试验,灌水处理和施肥处理,见表 2.10 和表 2.11。

表 2.10　　　　　　　　**各 灌 水 处 理**

处理	W1	W2	W3	W4	W5
灌水定额/mm	30.0	37.5	45.0	52.5	60.0

表 2.11   各 施 肥 处 理

处理	N0	N1	N2	N3	N4
底肥	不施肥	磷酸氢二铵 195kg/hm^2 和钾镁肥 105kg/hm^2	磷酸氢二铵 195kg/hm^2 和钾镁肥 105kg/hm^2	磷酸氢二铵 195kg/hm^2 和钾镁肥 105kg/hm^2	磷酸氢二铵 195kg/hm^2 和钾镁肥 105kg/hm^2
分蘖拔节期、孕穗扬花期施肥	不施肥	各追尿素 60kg/hm^2	各追尿素 120kg/hm^2	各追尿素 180kg/hm^2	各追尿素 240kg/hm^2
灌浆期施肥	不施肥	追尿素 30kg/hm^2	追尿素 60kg/hm^2	追尿素 90kg/hm^2	追尿素 120kg/hm^2
追肥总计	—	150kg/hm^2	300kg/hm^2	450kg/hm^2	600kg/hm^2

2016 年灌水处理设置 5 个水平，灌水定额分别为 30.0mm（W1）、37.5mm（W2）、45.0mm（W3）、52.5mm（W4）、60.0mm（W5），灌溉制度见表 2.12。施氮使用尿素，各处理施氮量不同。底肥为磷酸氢二铵 195kg/hm^2，硫酸钾镁肥 105kg/hm^2，各处理均相同。追肥为尿素，设置 3 个水平，各处理施肥比例都为分蘖拔节期：孕穗扬花期：灌浆期＝2：2：1。N1 处理在分蘖拔节期、孕穗扬花期各追尿素 60kg/hm^2，在灌浆期追尿素 30kg/hm^2；N2 处理在分蘖拔节期、孕穗扬花期各追尿素 120kg/hm^2，在灌浆期追尿素 60kg/hm^2；N3 处理在分蘖期、拔节期各追尿素 180kg/hm^2，在灌浆期追尿素 90kg/hm^2。即 N1 处理含氮量为 110kg/hm^2、N2 处理含氮量为 179kg/hm^2、N3 处理含氮量为 248kg/hm^2。水肥试验共设 15 个处理，即 W1N1、W1N2、W1N3、W2N1、W2N2、W2N3、W3N1、W3N2、W3N3、W4N1、W4N2、W4N3、W5N1、W5N2、W5N3。3 个重复，共 45 个处理。

2017 年水分设置 3 个水平，灌水定额分别为 30.0mm（W1）、45.0mm（W3）、60.0mm（W5），灌溉制度见表 2.13。氮肥为尿素，设置 3 个水平，低（N0）、中（N2）、高（N4）。N0 处理不施肥，N2、N4 处理底肥均相同，都为磷酸氢二铵 195kg/hm^2，硫酸钾镁肥 105kg/hm^2。N2、N4 处理各处理施肥比例都为分蘖拔节期：孕穗扬花期：灌浆期＝2：2：1。N2 处理在分蘖拔节期、孕穗扬花期各追尿素 120kg/hm^2，在灌浆期追尿素 60kg/hm^2；N4 处理在分蘖期、拔节期各追尿素 240kg/hm^2，在灌浆期追尿素 120kg/hm^2。即 N2 处理含氮量为 179kg/hm^2、N4 处理含氮量为 317kg/hm^2。水肥试验共设 9 个处理，即 W1N0、W3N0、W5N0、W1N2、W3N2、W5N2、W1N4、W3N4、W5N4，3 个重复，共 27 个处理。

表 2.12　　　　　　　　　　　　2016 年度小麦灌溉制度表

灌水日期	灌水周期/d	灌水次数/次	灌水定额/mm				
			W1	W2	W3	W4	W5
4 月 22 日	—	1	45.0	45.0	45.0	45.0	45.0
5 月 17 日	25	1	30.0	37.5	45.0	52.5	60.0
5 月 25 日	8	1	30.0	37.5	45.0	52.5	60.0
6 月 3 日	8	1	30.0	37.5	45.0	52.5	60.0
6 月 12 日	9	1	30.0	37.5	45.0	52.5	60.0
6 月 20 日	8	1	30.0	37.5	45.0	52.5	60.0
6 月 27 日	7	1	30.0	37.5	45.0	52.5	60.0
7 月 4 日	7	1	30.0		45.0	52.5	60.0
7 月 11 日	7	1	30.0	37.5	45.0	52.5	60.0
合计	79	9	285.0	345.0	405.0	465.0	525.0

表 2.13　　　　　　　　　　　　2017 年度小麦灌溉制度表

灌水日期	灌水周期/d	灌水次数/次	灌水定额/mm		
			W1	W3	W5
4 月 22 日	—	1	45.0	45.0	45.0
5 月 17 日	25	1	30.0	45.0	60.0
5 月 25 日	8	1	30.0	45.0	60.0
6 月 3 日	8	1	30.0	45.0	60.0
6 月 12 日	9	1	30.0	45.0	60.0
6 月 20 日	8	1	30.0	45.0	60.0
6 月 27 日	7	1	30.0	45.0	60.0
7 月 4 日	7	1	30.0	45.0	60.0
7 月 11 日	7	1	30.0	30.0	30.0
合计	79	9	285.0	390.0	495.0

2.3.1　测定项目与方法

（1）利用 HOBO 便携自动气象站来进行气象数据的观测和连续采集气象数据，主要包括风速、相对湿度、气温、太阳辐射、日照时数等。数据每隔 0.5h 自动记录一次，每月定期下载气象数据。

（2）在小麦行侧不同距离布置 3 根 Trime 管，布置如图 2.3 所示。采用 TRIME-IPH 土壤剖面含水率测量系统对不同深度土壤水分状况进行监测。在

60cm 垂直深度土层内，每隔 10cm 测 1 个含水率。

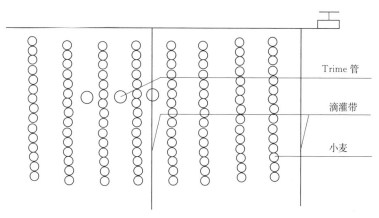

图 2.3　Trime 管布置图

（3）2016 年，取各处理未播种小麦的硝态氮本底值及每个处理在小麦 5 个生育期（分蘖期、拔节孕穗期、抽穗扬花期、灌浆期、成熟期）分别取土样，取 100cm 土层深度，共分为 5 层，每 20cm 土层取一次。然后检测硝态氮含量。

2017 年，在小麦播种前取一次土，收获后取一次土，共计 2 次。取 60cm 土层深度，共分为 3 层，每 20cm 土层取一次。然后检测硝态氮含量。

将取得的鲜样迅速带回试验室于室温下风干，根据硝态氮测定要求过筛，制备为 2mm 土样。风干样经常规处理后，采用 0.01mol/L 的 $CaCl_2$ 浸提取液（水土比 5：1）用 SEAL 流动分析仪测定土壤硝态氮含量。

（4）采用半微量凯氏定氮法测定植株及籽粒含氮量[205]。

（5）株高：自出苗后每 10d 用米尺测量一次株高，直至收获。测量方法为：每小区取 5 株有代表性的株高，分蘖前株高为土面到最高叶尖的高度，分蘖后株高为从地面至穗的顶端，不连芒。以厘米为单位，量取其长度，取平均值为该小区株高。

（6）干物质。自出苗后每 10d 测一次干物质，至收获。每次取 15cm 行长的样本，把根剪去，留地上部分装入纸袋放入烘箱，先在 105℃烘干半小时，停止样品的呼吸消耗，然后再在 80℃下烘干至恒重。

（7）收获前定点调查各处理穗数，小麦成熟时视各小区具体成熟情况单独收获，记录收获时间。收获时每小区取 20 穗，计算每穗粒数；并于每小区中间收获 1m²，数其有效穗数；脱粒风干计产，并测定千粒重。

2.3.2　计算方法

（1）田间耗水量的计算[205]：采用测定土壤含水量计算作物耗水量[57]，耗水

量的计算公式为

$$ET_{1-2} = 10 \sum_{i=1}^{n} \gamma_i H_i (\theta_{i1} - \theta_{i2}) + M + P_0 + K \qquad (2.21)$$

式中：ET_{1-2} 为阶段耗水量，mm；i 为土壤层次号数；n 为土壤层次总数；γ_i 为第 i 层土壤干容重，g/cm³；H_i 为第 i 层土壤厚度，cm；θ_{i1} 为第 i 层土壤时段初的含水量，以占干土重的百分数计；θ_{i2} 为第 i 层土壤时段末的含水量，以占干土重的百分数计；M 为时段内的灌水量，mm；P_0 为时段内降水量，mm；K 为时段内的地下水补给量，mm，当地下水埋深大于 2.5m 时可以不计，本试验地的地下水埋深 6m 以下，地下水补给量视为 0。

（2）$NO_3^- - N$ 累积量（kg/hm²）＝土层厚度（cm）×土壤容重（g/cm²）×$NO_3^- - N$ 浓度（mg/kg）×10。

（3）土壤氮素净矿化量（mg/kg）＝不施氮肥区地上氮素累积量（mg/kg）＋不施氮肥区土壤矿质氮量（mg/kg）－不施氮肥区起始矿质氮量（mg/kg）。

氮输入包括施入氮肥、土壤起始无机氮和土壤氮素净矿化量；氮输出包括作物吸收、残留无机氮和表观损失，根据氮素输入输出的平衡模型计算的表观损失。

氮表观损失量[206]＝氮输入量（kg/hm²）－作物吸收量（kg/hm²）－土壤残留无机氮量（kg/hm²）。

（4）氮素收获指数（％）＝籽粒氮素积累量（kg/hm²）/植株氮素积累量（kg/hm²）×100。

（5）氮素吸收效率（kg/kg）＝植株氮素积累量（kg/hm²）/施氮量（kg/hm²）。

（6）氮肥农学利用效率（kg/kg）＝[施氮处理籽粒产量（kg/hm²）－不施氮籽粒产量（kg/hm²）]/施氮量（kg/hm²）。

（7）氮素利用率（％）＝[施氮区吸氮量（kg/hm²）－不施氮区吸氮量（kg/hm²）]/施氮量（kg/hm²）×100。

（8）氮肥表观残留率（％）＝[施氮区残留量（kg/hm²）－不施氮区残留量（kg/hm²）]/施氮量（kg/hm²）×100。

（9）氮肥表观损失率（％）＝100％－施氮利用率（％）－氮肥表观残留率（％）。

（10）水分利用效率[kg/(hm²·mm)]＝籽粒产量（kg/hm²）/作物全生育期耗水量（mm）。

（11）水分生产效率[kg/(hm²·mm)]＝籽粒产量（kg/hm²）/作物全生育期灌水量（mm）。

（12）土壤氮素贡献率（％）＝不施肥区植株氮素积累量（kg/hm²）/施肥区地上植株氮积累量（kg/hm²）×100。

2.4　膜下滴灌打瓜试验设计

本试验于 2016 年 4—9 月和 2017 年 4—9 月期间开展，在该研究区打瓜生育期见表 2.14。本试验数据来源于两年度试验，2016 年实施不同灌水定额试验，2017 年实施水氮耦合试验，水分处理及施肥量处理见表 2.15 和表 2.16。经阿勒泰实地调研，以当地打瓜灌溉制度为试验设计依据。

表 2.14　　　　　　　　　　打　瓜　生　育　期

5 月 19— 29 日	5 月 30 日— 6 月 7 日	6 月 8— 19 日	6 月 20— 25 日	6 月 26— 7 月 10 日	7 月 11— 8 月 2 日	8 月 3— 9 月 5 日
出苗期	幼苗期	苗期	伸蔓现蕾期	开花坐果期	果实膨大期	成熟期

表 2.15　　　　　　　　　　5 种 灌 水 处 理

处理	W1	W2	W3	W4	W5
灌水定额/mm	30.0	37.5	45.0	52.5	60.0

表 2.16　　　　　　　　　　3 种 施 氮 处 理

处理	N1	N2	N3
底肥	不施肥	195kg/hm^{2}的磷酸二铵和钾肥 105kg/hm^2	195kg/hm^{2}的磷酸二铵和钾肥 105kg/hm^2
开花坐果期	不施肥	施氮量 55.2kg/hm^2	施氮量 110.4kg/hm^2
果实膨大期	不施肥	施氮量 82.8kg/hm^2	施氮量 165.6kg/hm^2
总计	—	138kg/hm^2	276kg/hm^2

2016 年打瓜试验设置 5 个不同的灌水定额（表 2.17），分别为 30.0mm（W1）、37.5mm（W2）、45.0mm（W3）、52.5mm（W4）、60.0mm（W5），每个处理 3 个重复，共 15 个处理。小区布置以 W1～W5 灌水定额的大小顺序方式排列。施肥状况与当地一致。

表 2.17　　　　　　　2016 年试验处理及采用的灌溉制度

处理	日期和灌水定额/mm								灌溉次数/次
	6 月 16 日	7 月 2 日	7 月 9 日	7 月 16 日	7 月 24 日	7 月 30 日	8 月 7 日	总计	
W1	30.0	30.0	30.0	30.0	30.0	30.0	30.0	210.0	7
W2	37.5	37.5	37.5	37.5	37.5	37.5	37.5	262.5	7
W3	45.0	45.0	45.0	45.0	45.0	45.0	45.0	315.0	7
W4	52.5	52.5	52.5	52.5	52.5	52.5	52.5	367.5	7

续表

处理	日期和灌水定额/mm								灌溉次数/次
	6月16日	7月2日	7月9日	7月16日	7月24日	7月30日	8月7日	总计	
W5	60.0	60.0	60.0	60.0	60.0	60.0	60.0	420.0	7
灌水周期/d		16	7	7	8	6	8		

2017 年试验设计包含灌水定额、施肥量两个因素（表 2.18）。灌水定额（W）设 3 个水平，分别为 30.0mm（W1）、45.0mm（W3）、60.0mm（W5），灌水方式为定周期灌水，周期为 7d。将磷酸二铵 195kg/hm² 和钾肥 105kg/hm² 作为底肥，且各处理均相同。追肥为尿素，施氮量（N）设 3 个水平，分别为 N1 处理、N2 处理、N3 处理，其中 N1 处理不施肥，N2 处理：N3 处理＝1：2。在开花坐果期和果实膨大期分别追肥一次，各处理施肥比例均为开花坐果期：果实膨大期＝2：3。在开花坐果期 N2 处理施氮量为 55.2kg/hm²，N3 处理施氮量为 110.4kg/hm²；在果实膨大期，N2 处理施氮量为 82.8kg/hm²，N3 处理施氮量为 165.6kg/hm²。水肥试验共 9 个处理，分别为 W1N1、W1N2、W1N3、W3N1、W3N2、W3N3、W5N1、W5N2、W5N3 处理。3 个重复，共 27 个处理。

2016 年和 2017 年均采用膜下滴灌技术，1 膜 1 管 2 行、40cm＋80cm 宽窄行种植方式。灌溉周期为 7d，在开花坐果期果实纵径 5cm 左右时进行第一次灌溉，加出苗水共 8 次灌溉。

表 2.18　　　　　　　　　　　2017 年试验处理及采用的灌溉制度

日期	灌溉周期/d	灌水定额/mm			施氮量/(kg/hm²)		
		W1	W3	W5	N1	N2	N3
5月22日		出苗水：7.5～12.0					
6月14日		补水：7.5～12.0					
7月4日		30.0	45.0	60.0			
7月10日		30.0	45.0	60.0	0	55.2	110.4
7月16日	6	30.0	45.0	60.0	0	82.8	165.6
7月23日	7	30.0	45.0	60.0			
7月28日	5	30.0	45.0	60.0			
8月4日	7	30.0	45.0	60.0			
8月12日	8	30.0	45.0	60.0			
8月25日		收获					
总计		210.0	315.0	420.0	0	138	276

2.4.1　测定项目与方法

（1）利用 HOBO 小型气象站对试验站进行基本气象数据观测和采集，该气象站包含风速仪、风向仪和温湿度传感器等检测设备，可以收集离地面高 2m 处风速、大气压、降雨量和太阳辐射等数据。该气象站数据记录周期为 0.5h。

（2）土壤含水率：利用基于 TDR 原理的 TRIME-HD2（德国）仪器获得土壤含水率数据。每个处理设 3 个 Trime 管，Trime 管之间的间隔为 20cm。单个 Trime 管在垂直方向上，深度每隔 10cm 设一个测点，总深 60cm，共 6 个测点。即在 3 个 Trime 管所在的土壤剖面中，测点分 6 个土层，每层 3 个测点。每次灌水前、后测量，雨后加测。Trime 管布置如图 2.4 所示。

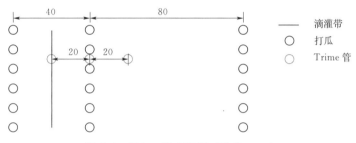

图 2.4　Trime 管布置图（单位：cm）

（3）主蔓长、茎粗、次蔓数：采用顺序抽样法，按照对角线式的顺序，每个小区等距取 3 棵苗并挂牌标记，每隔 7d 分别用钢卷尺、游标卡尺测量打瓜植株主藤长度（cm）和茎粗（mm），并对次蔓数（条）记录。为了减少小区边缘对打瓜植株的影响，选取打瓜植株时尽量选择小区中间的植株。

（4）果实体积。从打瓜植株坐瓜开始，在每个标记植株中随机选取 3 个瓜，并挂牌标记。每隔 5d 用游标卡尺测量一次果实纵、横径，以 mm 为单位，取平均值作为该小区果实纵横径。用椭圆体体积公式求得果实体积（$10^{-2} m^3$）。在果实硬壳前，测量过程中尽可能不触碰藤蔓、果实。

（5）干物质。定点记载打瓜的生育期，在各生育阶段，采用连续取样法，分别在各小区连续选取长势相近的 3 株打瓜，剪去地下部分。将植株茎、叶、果分开，并分别装入不同纸袋中，放入烘箱，105℃下杀青 30min，80℃下烘干至恒重，再分别称取干重。

（6）收获阶段。在每个小区连续标定 10 株具有代表性的植株，以该 10 株打瓜所产果实作为研究对象，记录单株成瓜数、果实纵横径、单瓜重量、单瓜籽粒干重、单瓜籽仁干重、百粒重、产量。在选取植株时，以选取小区中间的打瓜植株为主。

（7）单瓜籽粒鲜重、单瓜籽粒干重、单瓜籽仁干重：将打瓜破开获得所有果实中得籽粒，以单个果实籽粒为单位，用小孔漏网筛沥掉籽粒表面液体，直到没有液体从筛网中滴落，称取单瓜籽粒鲜重。将籽粒放置在空旷、干燥的水泥路面上进行晾晒。籽粒晒干后称取单瓜籽粒干重。在收获的打瓜中，每个小区抽取5个瓜，剥籽并对籽仁称重，获得单瓜籽仁重。当籽粒含水量在8%～10%时认为籽粒已晒干。

2.4.2 作物耗水指标和生长指标计算

（1）通过打瓜各生育阶段土壤含水量与有效降雨量，计算作物耗水量，耗水量的计算公式见式（2.21）。

（2）打瓜果实体积：

$$V = 4\pi ab^2/3 \tag{2.22}$$

式中：V 为果实体积，$10^{-2} m^3$；a 为果实横径，$10^{-2} m$；b 为果实纵径，$10^{-2} m$。

（3）干物质质量相对生长量占比：

$$PT = (W_2 - W_1)/T_t \tag{2.23}$$

式中：PT 为干物质质量相对生长量占比，%，简称相对生长量占比；W_2、W_1 分别为某生育阶段干物质质量，kg/hm^2，其相邻的后一生育阶段干物质质量，kg/hm^2；T_t 为末生育阶段干物质质量，kg/hm^2。

（4）作物生长率[207]：

$$CGR = (W_2 - W_1)/A(t_2 - t_1) \tag{2.24}$$

式中：CRG 为作物生长率，$kg \cdot hm^2/d$；W_2、W_1 分别为 t_2、t_1（d）时测得的干物质质量，kg/hm^2；A 为土地面积，hm^2。

（5）作物系数：

$$K_c = ET/ET_0 \tag{2.25}$$

式中：K_c 为作物系数；ET_0 为参考作物蒸腾蒸发量，mm。

（6）水分利用效率：

$$WUE = Y/ET \tag{2.26}$$

式中：WUE 为水分利用效率，$kg/(hm^2 \cdot mm)$；Y 为产量，kg/hm^2。

（7）灌溉水利用系数：

$$IWUE = Y/M \tag{2.27}$$

式中：$IWUE$ 为灌溉水利用系数，$kg/(hm^2 \cdot mm)$；M 为灌水量，mm。

（8）根据收获1kg干籽粒所需要鲜籽粒质量推得干燥指数[208]。

（9）坏瓜率(%)=单位面积坏果实个数(个)/单位面积果实总数(个)×100。

（10）有效果实率(%)=单位面积成熟果实个数(个)/单位面积果实总数(个)×100。

（11）籽粒成熟率(%)=单位果实黑片干重(kg)/单位果实籽粒总干重(kg)×100。

2.4.3　模糊综合评价

（1）确定评判对象因素集。依据打瓜果实生长、耗水、产量指标，建立对不同灌水定额及水氮互作下打瓜节水增产评判体系，确定分析因素集：$U\{u_1,u_2,u_3,u_4\}$。

（2）确定评价集。评价集 $V\{v_1,v_2,v_3,v_4\}$ 反映出综合评价结果的描述方式。

（3）隶属度向量计算。对因素集中各指标进行归一化处理，获得隶属度向量 $r_i=(r_{i1},r_{i2},r_{i3},\cdots,r_{im})$。对不同方向的指标处理方法不同。

隶属度 r_{ij}：

$$r_{ij}=E_{ij}\bigg/\sum_{i=1}^{w}E_{ij}\quad(i=1,2,\cdots,n;\ j=1,2,3,\cdots,m)\qquad(2.28)$$

异向指标隶属度 r_{ij}：

$$r_{ij}=(1/E_{ij})\bigg/\Big(\sum_{i=1}^{w}1/E_{ij}\Big)\qquad(2.29)$$

（4）模糊集矩阵。由隶属度向量构成模糊集矩阵 $\boldsymbol{R}$：

$$\boldsymbol{R}=\begin{bmatrix}r_{11}, & r_{12}, & \cdots, & r_{1m}\\ r_{21}, & r_{22}, & \cdots, & r_{2m}\\ \vdots & \vdots & & \vdots\\ r_{n1}, & r_{n2}, & \cdots & r_{nm}\end{bmatrix}\qquad(2.30)$$

（5）计算评价矩阵。计算综合评价矩阵 $\boldsymbol{S}$：

$$\boldsymbol{S}=\boldsymbol{D}\circ\boldsymbol{R}(s_1,s_2,\cdots,s_n)\qquad(2.31)$$

式中：D 为评价指标权重，"。"为"相乘有界和"算子运算符号，突显数据整体性，其表达式为 $M=(\cdot,\oplus)$。评判结果采用最大隶属原则，将评价矩阵 $\boldsymbol{S}$ 中的各项元素 S_n 由大到小排序，确定优劣。

2.4.4　层析分析法综合评价

（1）确定判断矩阵。利用 $1\sim9$ 标度法将指标重要性定量化，确定出判断矩阵[209]，$1\sim9$ 标度法见表2.7。

判断矩阵的边界条件如下：

$$\begin{cases}a_{ij}>0\\ a_{ij}=1/a_{ji}\\ a_{ji}=1\end{cases}\qquad(2.32)$$

式中：A 判断矩阵中 a_{ij}、a_{ji} 均为量化值。

（2）判断矩阵 **A** 的一致性检验。

计算判断矩阵最大特征根 $\lambda_{\max}$：

$$\lambda_{\max} = \sum (AD)_i / nD_i \tag{2.33}$$

计算一致性指标 $C.I.$：

$$C.I. = (\lambda_{\max} - n)/(n - 1) \tag{2.34}$$

计算一致性比例 $C.R.$：

$$C.R. = C.I./R.I. \tag{2.35}$$

式中：n 为矩阵阶数[210]，平均随机一致性指标 $R.I.$ 见表 2.8。当 $C.R. < 0.1$ 时，表示权重效度可靠。当 $C.R. > 0.1$ 时，需调整构造判断矩阵，重新计算，直至 $C.R. < 0.1$。调整方法采用"等价法"，见下式：

$$\begin{cases} a_{i,j} > a_{i,j+n} \\ a_{i+m,j} \gg a_{i,j+n} \end{cases} \Rightarrow a_{i+m,j} > a_{i,j} \tag{2.36}$$

式中：n，$m = 1$，2，3，$\cdots$，即在同一行或列，选取对于同一元素重要程度差异最大的另外两元素，用等价替换原则确定这两个元素的相对重要性。确定完毕后再选取重要程度差异次之的两元素，进行比较，以此类推，直至调整完毕。

2.5 膜下滴灌食葵试验设计

食葵品种为 JN361，生育期为 115～118 天，属于中晚熟品种。选用内镶贴片式滴灌带灌溉，毛管直径 16mm，壁厚 0.2mm，滴头间距 300mm，滴头流量 2.2L/h。

经阿勒泰实地调研，以当地食葵灌溉制度为试验设计依据。食葵试验设 5 个不同灌水定额，分别为 30.0mm（W1）、37.5mm（W2）、45.0mm（W3）、52.5mm（W4）、60.0mm（W5），食葵灌溉方案见表 2.19，每个处理 3 个重复，单个小区 0.021hm²，共 0.32hm²。小区布置以 W1～W5 灌水定额的大小顺序方式排列。采用 1 膜 1 管 2 行、40cm＋80cm 宽窄行种植方式，灌溉周期为 7 天。

5 月 18 日播种，5 月 21 日灌苗水，底肥是酸二铵 195kg/hm²，钾肥 105kg/hm²。6 月 7 日中耕，6 月 10 日间苗。在苗期食葵出现萎蔫现象，在成熟期为保证产量，分别在 6 月 13 日和 8 月 22 日各补水一次，各处理补水量为相应灌水定额的 30%。其他农艺措施与当地一致。

表 2.19　　　　　　　　　2017 年阿勒泰试验站食葵灌溉处理

灌溉处理	灌水定额/mm							灌溉定额/mm
	7 月 3 日	7 月 11 日	7 月 18 日	7 月 24 日	7 月 30 日	8 月 7 日	8 月 15 日	
W1	30.0	30.0	30.0	30.0	30.0	30.0	30.0	210.0
W2	37.5	37.5	37.5	37.5	37.5	37.5	37.5	262.5

灌溉处理	灌水定额/mm							灌溉定额/mm
	7月3日	7月11日	7月18日	7月24日	7月30日	8月7日	8月15日	
W3	45.0	45.0	45.0	45.0	45.0	45.0	45.0	315.0
W4	52.5	52.5	52.5	52.5	52.5	52.5	52.5	367.5
W5	60.0	60.0	60.0	60.0	60.0	60.0	60.0	420.0
周期/d	—	8	7	6	6	7	7	—

2.5.1　测定项目与方法

（1）作物耗水量。利用 TRIME – HD2 便携式土壤水分测量仪（德国）获得土壤含水率数据。参照康洁等[211]测量方法，每个处理设两个 Trime 管（长度相同，均为 1m），间隔 20cm。沿 Trime 管垂直方向每隔 10cm 设 1 个测点，共设 6 个测点。灌水前后测量、雨后加测，Trime 管布置如图 2.5 所示。土壤计划湿润层为 600mm 采用水量平衡原理[212]计算作物全生育期耗水量：

$$S_{ET} = W_T + P_0 + K + M - (W_t - W_0) \tag{2.37}$$

式中：S_{ET} 为生育期耗水量，mm；W_T 为计划湿润层增加的储水量，mm；P_0 为有效降雨量，mm；K 为地下水补给量，mm，经水位取样检测结果表明，该地区地下水埋深大于 6m，因此不计地下水补给（$K=0$）；M 为时段灌水量，mm；W_t 为时段末土壤计划湿润层储水量，mm；W_0 为时段初土壤计划湿润层储水量，mm。

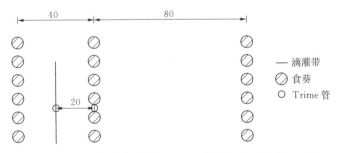

图 2.5　2017 年食葵试验田 Trime 管布置图（单位：cm）

（2）参考作物腾发量（ET_0）：利用 Penman – Monteith 公式计算 ET_0；作物系数（K_c）用各个生育期实际耗水量与参考作物腾发量比值表示。

（3）生长指标，产量和水分利用效率：从出苗日期开始，每 10d 对食葵株高、叶片数、盘径和茎粗检测一次，测量工具为卷尺（mm）和游标卡尺（mm）。采用同倍比放大法[213]，利用株数、面积和干籽粒质量折算产量；籽粒晒干后，在每小区随机选取 100 粒食葵种子，称百粒质量；将壳仁分离，籽粒仁与籽粒壳质量比值称为出仁率；利用产量与耗水量计算作物水分利用效率 (*WUE*)。数据处理软件使用 Excel 2016 和 SPSS 22.0。

2.5.2 投影寻踪聚类法 (PCC)

投影寻踪聚类 (PCC) 由 Friedman 等提出，该模型能处理高维且非线性数据，能有效解决方案优劣评价和等级划分等问题[214]，计算步骤如下。

（1）数据预处理。设指标评价体系为 $\{x_{ij} \mid i=1,2,\cdots,n;\ j=1,2,\cdots,m\}$，$x_{ij}$ 为 W_i 灌水定额下第 j 个指标。将指标数据归一化，正向指标 X_{ij}：$X_{ij} = x_{ij} \Big/ \sum_{i=1}^{n} x_{ij}$ 。异向指标 X_{ij}：$X_{ij} = (1/x_{ij}) \Big/ \sum_{i=1}^{n} 1/x_{ij}$ ，其中 $i=1,2,3,\cdots,n$，$j=1,2,3,\cdots,m$。

（2）数据聚类分析，设投影方向向量为 a_j，则 W_i 灌溉制度方案的一维投影特征值为：$A_i = \sum_{i=1}^{m} a_j x_{ij}$ ，$i=1,2,3,\cdots,n$，$j=1,2,3,\cdots,m$。由特征值 A_i 构成评价矩阵 A，$A=(A_1, A_2, \cdots, A_n)$。利用投影极限值 A_i 的标准差 $s(a)$ 和类内密度 $d(a)$ 寻找最优投影方向[215-216]。

$$r_{ik} = |A_i - A_k| \tag{2.38}$$

$$f = u(R - r_{ik}) \tag{2.39}$$

$$s(a) = \sqrt{\frac{\sum_{i=1}^{n}(A_i - \overline{A})^2}{n-1}} \tag{2.40}$$

$$d(a) = \sum_{i=1}^{n} \sum_{k=1}^{n} (R - r_{ik})f \tag{2.41}$$

式中：$s(a)$ 为最大投影值 A_i 的标准差；$d(a)$ 类内密度；r_{ik} 为两种灌水方案投影值的距离；f 为单位阶跃函数，当 $R > r_{ik}$，$f=1$，反之 $f=0$；R 为密度窗宽半径[217]，取值选用 $\max(r_{ik})/5 \leqslant R \leqslant \max(r_{ik})/3$ 。

$$Q(a) = s(a)d(a) \tag{2.42}$$

$$\left.\begin{array}{l} \max Q(a) \\ \text{s. t. } \|a\| = \sum_{i=1}^{n} a_i^2 = 1 \quad -1 \leqslant a_i \leqslant 1 \end{array}\right\} \tag{2.43}$$

利用最大投影值 A_i 标准差和类内密度求得投影指标函数值 $Q(a)$，最终取最大投影指标函数值。计算软件 Matlab 8.0 （美国 MathWorks 公司）。

2.5.3 时序动态模型

食葵株高、叶片数、盘径和茎粗的数学量纲不一致，且生长指标间存在不可公度性现象，故需对生长指标数据预处理，为得出准确综合评价结果奠定基础。与产量及其构成等成果性指标不同，生长指标和时序关系密切，在不同时序阶段食葵株高和盘径等生长指标对最终产量影响不同，即不同生育阶段需用不同数据标准化法处理相同生长指标数据。指标可以分为效益型、成本型和区间型，采用刘龙举相应数据处理方法[218]。

食葵株高、叶片数、盘径和茎粗生长指标是以时间和不同灌水定额为基础的三维立体数据，为体现食葵生长指标在不同生育阶段和时序的重要性，本书利用郭亚军的二次加权法[219]。二次加权评价法将立体数据中时间维和生长指标维集结，得出最终评价结果。二次加权评价法采用了 TOWA 算子或 TOWGA 算子，由于株高和叶片数等生长指标具有整体性，生长指标间不存在独立性，故本书选用 TOWGA 算子二次加权评价法以强调食葵生长指标在各生育阶段变化的均衡性，二次加权评价公式为

$$h_i = G(\langle t_1, y_i(t_1) \rangle, \langle t_2, y_i(t_2) \rangle, \cdots, \langle t_v, y_i(t_k) \rangle) = \prod_{k=1}^{v} b_{ik}^{w_{bk}} \qquad (2.44)$$

式中：h_i 为时序动态评价模型评价值，$i=1,2,\cdots,5$，下同；G 为 TOWGA 算子函数符号；t_k 为苗后天数，d，$k=1,2,\cdots,v$，下同；y_i 为线性加权评价值；w_{bk} 为食葵生长指标对应苗后天数的权向量元素；b_{ik} 为 TOWGA 算子的第二分量。

郭亚军采用给定"时间度"λ 的非线性规划方程求解时间权向量。在给定次数迭代下，通过遗传算法能突破仅接近局部解限制，并得到局部最优解，本书在郭亚军方法基础上利用基于遗传算法的粒子群算法[219]改进时间权向量求解方法，基本非线性规划方程为

$$\left. \begin{array}{l} \max\left[-\sum_{k=1}^{v} w_{bk} \ln w_{bk}\right] \\ \text{s.t.} \lambda = \sum_{k=1}^{v} (v-k)w_{bk}/v - 1 \\ \sum_{k=1}^{v} w_{bk} = 1, w_{bk} \in [0,1] \end{array} \right\} \qquad (2.45)$$

式中：λ 为时间度，$\lambda \in [0,1]$，该值是对不同时刻数据重要程度的界定，当 $\lim\lambda=1$，表示距 t_k 时刻远期的数据重要；当 $\lim\lambda=0$，表示距 t_k 时刻近期的数据重要。

试验数据经 Excel 2016 整理后，利用 SPSS 22.0 对数据进行单因素方差分析，利用 LSD 法检验差异显著性（$P<0.05$）。采用 Excel 2016 作图，利用 Matlab 8.0 运行粒子群算法。

2.6　膜下滴灌苜蓿试验设计

选用能在降雨量小于 300mm 地区良好生长，建植 3 年的"阿尔冈金"紫花苜蓿作为供试品种。采用贴片式滴灌带，滴头流量 2.0L/h，滴头间距 0.3m，滴头工作压力 0.1MPa。为保证灌溉达到较好效果的同时降低种植成本[220]，本试验滴灌带埋深 10cm，用文丘里施肥罐进行施肥。选用 QT-303 型号，长

700mm，直径为 44mm 规格的 Trime 管进行田间布置，苜蓿种植模式及 Trime 管布置如图 2.6 所示。

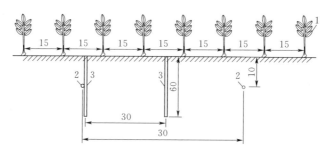

图 2.6　苜蓿种植模式及 Trime 管布置图（单位：cm）

1—苜蓿；2—滴灌带；3—Trime 管

试验设 5 个灌水定额处理（22.5mm、30.0mm、37.5mm、45.0mm、52.5mm）并以地面灌为对照组（CK），共计 6 个处理，每个处理设 3 个重复，为防止水分交互，小区之间均设有 1.5m 隔离带，其灌溉制度见表 2.20。每茬苜蓿第一次灌溉时，均用文丘里施肥罐施加肥料（磷酸二氢钾 75kg/hm²、尿素 150kg/hm²），其生育期划分见表 2.21。

表 2.20　　　　　　　　苜蓿灌溉制度设计方案

处理	灌水方式	灌水定额 /mm	灌水周期 /d	灌水次数 /次	灌溉定额 /mm
W1	浅埋式滴灌	22.5	8～10	12	270
W2		30.0	8～10	12	360
W3		37.5	8～10	12	450
W4		45.0	8～10	12	540
W5		52.5	8～10	12	630
CK	地面灌	60.0	20	6	720

表 2.21　　　　　　　　苜 蓿 生 育 期 划 分

第 1 茬		第 2 茬		第 3 茬	
时间	生育期	时间	生育期	时间	生育期
5 月 9—18 日	返青期	6 月 25 日—7 月 2 日	返青期	8 月 3—10 日	返青期
5 月 19—31 日	分枝期	7 月 3—14 日	分枝期	8 月 11—21 日	分枝期
6 月 1—9 日	孕蕾期	7 月 15—21 日	孕蕾期	8 月 22—30 日	孕蕾期
6 月 10—14 日	初花期	7 月 22—26 日	初花期	8 月 31 日—9 月 11 日	初花期
6 月 15—19 日	盛花期	7 月 27—30 日	盛花期	9 月 12—21 日	盛花期

测定项目与方法如下。

（1）耗水量：德国生产的 TRIME-IPH 在灌前、灌后、各茬苜蓿收获后测定土壤剖面含水率（体积），生育阶段转变与降雨需进行加测。每 20cm 分为一层测定 0～60cm 土壤含水率。旱作物的生育期任一时段内，作物耗水量根据农田水量平衡方程计算，计算公式见式（2.1）。

（2）产量与水分利用效率。苜蓿收割时在不同灌水处理小区的上、中和下部分别收割 2m²，风干后称干草重，再取 3 个重复的平均值并折算出单位面积产量。将苜蓿干草产量与全生育期的实际耗水量的比值作为水分利用效率（WUE）[47]。

（3）株高。待出苗整齐后在每个试验小区随机选定 6 株苜蓿，使用钢卷尺每隔 10d 左右测定一次苜蓿从地表到顶端的高度。

（4）灌溉水利用系数。各处理的干草除以灌溉量就得到灌溉水利用效率。

第3章 多砾石砂土膜下滴灌玉米耗水及灌溉制度研究

3.1 灌水定额对玉米生长指标的影响

玉米的生长受水分影响较大，适宜的水分供给有利于作物的生长发育，提高经济效益[221]。当灌水定额过高时，会使玉米根系的呼吸作用受限，影响生理发育；当灌溉定额过低时，不能满足基本生理发育，大幅减产[222]。灌溉方式、种植模式和种植密度等各类农业生产环境对玉米生长指标影响的研究已相对成熟[223-225]。由于阿勒泰灌区水低地高，土壤质地为多砾石砂土，土壤持水能力差；而且水利设施不完善，农业灌溉技术落后，造成渗漏损失严重；年均降水量121mm，年蒸发量在1844.4mm以上，存在地域差异及气候差异[226]。特殊的地理位置与气候条件等原因，使玉米生长发育的环境与其他地区存在一定差异，而玉米作为该地区的支柱产业，对其滴灌灌溉制度的研究具有十分重要的实际意义。

本节对多砾石砂土膜下滴灌灌溉玉米的生理指标进行研究，以期揭示滴灌玉米不同灌水定额条件的适宜度，为打造阿勒泰地区玉米高效节水研究与示范平台提供可靠依据。

3.1.1 灌水定额对玉米株高的影响

图3.1为不同灌水定额下玉米株高随时间的变化趋势。由图可知，玉米株高呈S形曲线变化，6月15日之前采用相同灌水定额保证充分蹲苗，促使玉米根系纵向发展，植株基部茎节粗壮，增强抗旱和抗倒伏的能力，避免因茎折影响叶片向果穗输送光合产物，因此玉米株高基本无差异。6月15日之后株高随气温升高、日照时间增加和灌水定额不同出现差异。7月6—23日差异明显且生长速率最快，该时段的平均株高比7月6日前高74.97%。说明该时段为玉米株高生长关键期，因为该时期在进行根茎叶旺盛生长的同时雌雄穗快速分化发育，对水分的需求量最大，应该加强水分管理。7月23日—8月4日增长速率减慢，但低灌水处理仍在以一定的速率生长，说明灌水定额过小将增加根茎叶的生长周期，影响后期玉米籽粒的生长发育。8月4日之后，株高变化不明显甚至有下降的趋势，因为该时期以玉米籽粒的生殖生长为主。株高是影响玉米产量的重要性状，适宜的灌溉制度将确保玉米株高达到最优状态，为后期高产奠定物质基础。

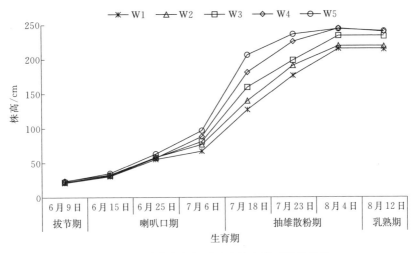

图 3.1　不同灌水定额下玉米株高随时间的变化

3.1.2　灌水定额对玉米叶面积指数的影响

图 3.2 为不同灌水定额下玉米叶面积指数随时间的变化趋势。如图所示，玉米叶面积指数（LAI）呈单峰趋势变化，6 月 15 日之后因灌水定额不同出现明显差异，6 月 15 日—7 月 19 日叶面积指数斜率最大，该时段平均叶面积指数比 6 月 15 日之前高 85.11%，说明此阶段是玉米叶片增长的关键时期，应加强水分管理促进叶面积的生长，保证干物质积累为后期高产提供保障。此阶段出现分段生长现象，灌水定额大于 W3 处理与小于 W3 处理的差幅在 13.98% ～ 21.65% 之间。说明水分短缺将抑制了玉米叶面积的增长。7 月 23 日之后玉米叶

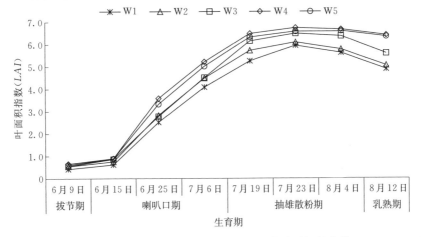

图 3.2　不同灌水定额下玉米叶面积指数随时间的变化

面积指数有减小现象，因为该时期叶片干物质向玉米籽粒转移，导致植株底部叶片干黄衰落中上部叶片外边缘干黄，因此叶面积指数有减小趋势。8 月 4 日之后下降趋势最明显，但 W4 与 W5 处理下降趋势较小，说明当灌水定额大于 W4 处理时会在一定程度上延缓叶片枯萎，增加干物质的积累量。合理的灌溉制度既保证了干物质的积累影响最终产量，又节约灌溉水量。

3.1.3　灌水定额对玉米茎粗的影响

由不同灌水定额下玉米茎粗随时间的变化趋势（图 3.3）可知，玉米茎粗呈"厂"字形变化。增长速率由大变小、由急变缓，后期甚至出现负增长现象，6 月 9—15 日增长速率为 0.67mm/d，6 月 15—25 日增长速率为 0.50mm/d，6 月 25 日—8 月 4 日增长速率为 0.06mm/d，8 月 4—12 日增长速率为 −0.14mm/d。由此可知，灌水定额对茎粗的影响较小，灌水时间是影响茎粗的重要因素。前期是玉米茎粗快速增长的重要时期，而茎粗作为提高玉米产量的重要生长指标，应保证该时期充分蹲苗。6 月 15 日之后，各处理间的茎粗因灌水定额的不同而出现差异，W1 处理的茎粗明显大于其他处理，W4、W5 与 W2 处理间的茎粗大致相同，W3 处理的茎粗最小，说明一定程度的水分亏缺有利于玉米茎粗的增加。8 月 4 日之后，各处理的茎粗均出现下降趋势，这可能是因为气温减低及干物质转移有关。

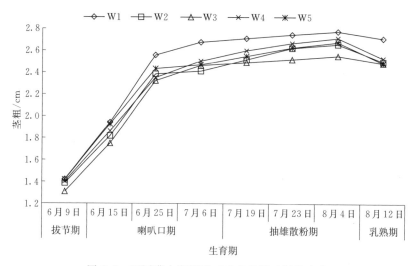

图 3.3　不同灌水定额下玉米茎粗随时间的变化

3.1.4　灌水定额对玉米叶绿素含量的影响

叶绿素作为能量转化的中枢对光合作用至关重要，叶绿素含量是维持作物正常生长的重要指标。由不同灌水定额下玉米叶绿素含量随时间的变化（图3.4）可知，玉米叶绿素含量随时间呈单峰曲线变化。拔节期之后，因灌水定额差异叶绿素含量出现差异，6月9—15日的日均增加速率最大，其次是6月15日—8月4日的日均增加速率，8月4—12日呈负增长，各阶段日均增加速率分别为：1.65%、0.34%、−0.22%。拔节期后，叶绿素含量与灌水定额基本上成正比，灌水定额越大叶绿素含量越大。喇叭口期之前，W5处理叶绿素含量大于W4，但之后处理间叶绿素含量相近。抽雄散粉期之后，叶绿素含量出现负增长，这主要是因为随着时间的推移，日照时数与温度的逐渐降低导致出现叶片枯黄现象进而影响叶绿素含量降低。

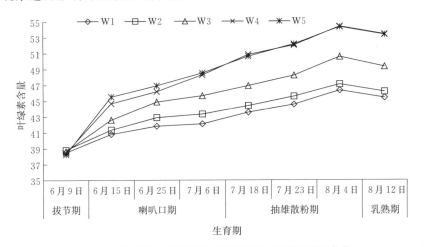

图3.4　不同灌水定额下玉米叶绿素含量随时间的变化

3.1.5　小结

（1）灌水定额的变化对玉米株高和叶面积指数影响较大，喇叭口期之前因灌水定额相同，各处理间的生长指标基本无差异。在喇叭口期—抽雄散粉期玉米株高和叶面积指数增长速率最快，该时段应加强水分管理。乳熟期玉米株高和叶面积指数均有减小的趋势，该时期干物质向玉米籽粒转移以生殖生长为主。当灌水定额小于52.5mm时，因水分亏缺，将抑制玉米株高、叶面积增长，在一定程度上增加玉米的营养生长时间，推迟玉米的受精与籽粒发育，从而影响最终的产量。当灌水定额大于52.5mm时，不仅能促进玉米的生长而且有利于玉米籽粒的发育与干物质的积累，为后期高产奠定基础。即灌水定额为52.5mm时，适宜玉米株高和叶面积的生长。

（2）不同灌水定额下玉米茎粗和叶绿素含量变化趋势相似，日均增长速率均表现为：前期急、中期缓慢、后期出现负增长的现象。灌水定额对茎粗的影响较小，灌水时间是影响茎粗的重要因素。30.0mm 灌水定额处理的茎粗反而最大，说明一定程度的水分亏缺有利于玉米茎粗的增加。灌水定额对玉米叶绿素含量的影响较大，叶绿素含量与灌水定额基本上成正比，灌水定额越大叶绿素含量越大。乳熟期玉米的茎粗和叶绿素含量均出现负增长现象，因为该时期不仅以营养生长为主，而且随着时间的推移，日照时数与温度逐渐降低。灌水定额大于为 52.5mm 时，不仅对叶绿素含量的增加无明显影响而且不利于玉米茎粗的生长。灌水定额为 52.5mm 时，能使叶绿素含量达到理想状态也较适宜玉米茎粗生长。

3.2　灌水定额对玉米土壤水分分布特征的影响

在降雨极少且蒸发极大的内陆干旱区，水资源短缺制约了本地区农业经济发展和生态环境改善[227-228]。玉米作为世界第一大作物，在经济发展中占有重要地位[229-230]。新疆北部阿勒泰草原的农牧业生产主要是在荒漠瘠薄的戈壁地上开发和发展起来的。该地区农业生产的主要土壤质地是多砾石砂土（0～40cm 是多砾质土，40～60cm 是轻砾石土），土壤保水保肥能力低；年均蒸发量是年均降雨量的 15 倍以上[231]。科学灌溉制度的确定，对北疆地区水资源的合理开发利用、农田灌溉管理以及自然植被生态恢复等工作有着重要的现实意义。

本节针对该地区土壤质地与其他地区存在的差异，对多砾石砂土膜下滴灌玉米的水分分布特征进行相应试验研究，探讨滴灌玉米灌溉制度的适宜度。

3.2.1　不同灌水定额对土壤含水率的影响

图 3.5 为灌水结束 24h 时不同灌水定额下湿润体含水率分布情况。由图可见，灌水定额的增加与湿润体内平均含水率的上升成正比，且含水率等值线逐渐接近椭圆形；灌水定额为 30.0mm、37.5mm、45.0mm、52.5mm、60.0mm 时，湿润体内的平均体积含水率分别为 14.10%、15.08%、16.45%、17.44%、19.42%。在垂直方向，随灌水定额的增加含水率均呈现先增后减的趋势，土壤含水率增加幅度表现为：中部＞下部＞上部；30.0～37.5mm 灌水定额处理的含水率峰值在 30cm 深度土层处，45.0～60.0mm 灌水定额处理的含水率峰值出现在 40cm 深土层处，且随灌水定额的增加含水率的峰值将不会下移，这主要是因为多砾石砂土土壤 40cm 深度以下是砂土，由沙子、卵石等组成，土壤渗漏量大。各处理 10cm 深度土层处的土壤含水率最低，一方面是因为土壤持水能力差，另一方面是因为气候条件导致蒸发量大。在水平方向，随灌水定额的增加含水率逐渐增加，土壤含水率增加幅度表现为：左部＞中部＞右部。

多砾石砂土土壤的渗透系数较大，故而灌水定额的增大对湿润体横向直径影响较小，但在一定程度上增加了深度。由图可知，52.5mm 灌水定额处理湿润

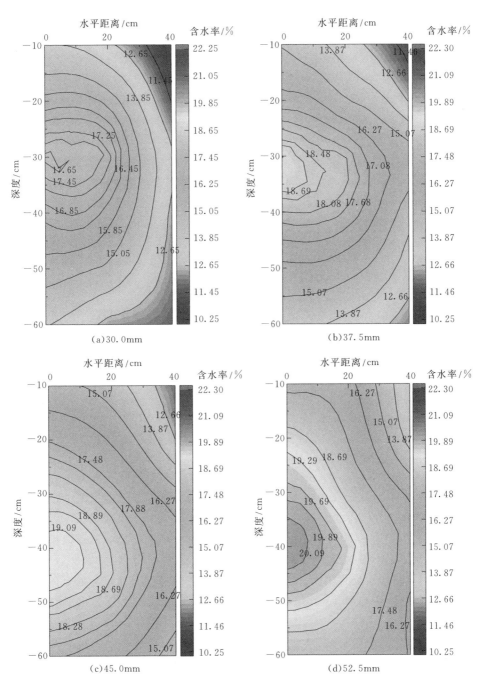

图 3.5（一）　灌水结束 24h 时不同灌水定额处理湿润体含水率分布

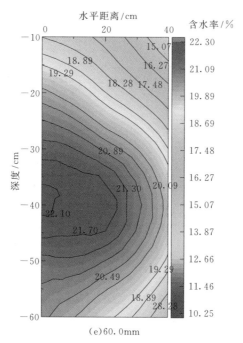

图 3.5（二）　灌水结束 24h 时不同灌水定额处理湿润体含水率分布

体各处的含水率最接近田间持水率。由于多砾石砂土的土壤物理性状，过大的
灌水定额将引起深层渗漏，造成灌溉水的浪费。

3.2.2　不同时刻土壤含水率分布特征

图 3.6 为灌水结束 0h、24h、72h 时 60.0mm 灌水定额处理土壤含水率分布
情况。由图 3.6（a）可知，在灌水过程中，土壤含水率是以滴头为中心呈长轴
在纵向的椭圆形向外扩散。由图 3.6（b）可知，水分再分布过程基本结束，土
壤水分达到一个相对稳定状态，土壤内最大含水率与最小含水率的差值变小。
由图 3.6（a）、（b）可以看出，土壤含水率以长轴在纵向的椭圆形逐渐扩散变为
以长轴在水平方向的椭圆形；湿润体内平均质量含水率分别为 17.72%、
19.42%，与灌水结束时相比，湿润体内平均含水率明显上升，这主要是因为试
验设计时没有设计测定 0～10cm 深度土层处的土壤含水率，导致出现湿润体内
平均含水率明显上升现象。由图 3.6（c）可知，随蒸散作用时间的增加，湿润
体各层土壤含水量均逐步减少。土壤含水率呈单峰曲线变化，当深度不变，水
平距离为 20cm 时土壤含水率最大。但由图 3.6（b）和（c）可知，随深度的增
加含水率减小幅度越来越小；深度不变时，随水平距离的增加含水率减小幅度
越来越小，这主要是因为土壤蒸发与根系吸水性造成的结果。

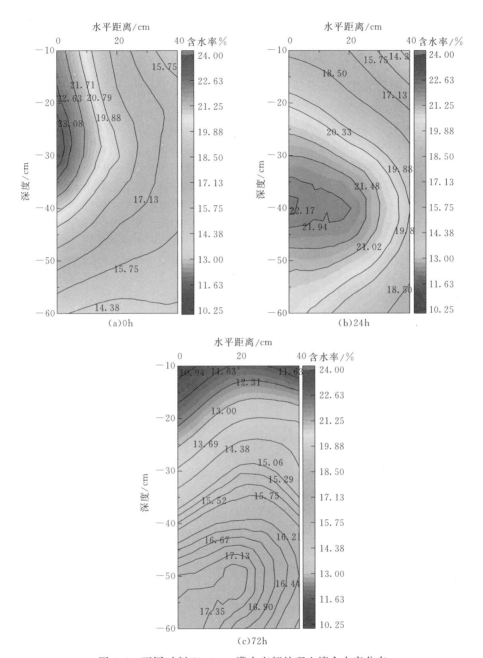

图 3.6　不同时刻 60.0mm 灌水定额处理土壤含水率分布

3.2.3　土壤水分再分布特性研究

由 60.0mm 灌水定额处理土壤水分再分布过程（图 3.7）可知，滴灌历时

2h 后，0～15cm 深度处的土壤含水率的增加幅度最大；历时 3～5h 后土壤含水率的最大值一般在 20cm 左右深度处；历时 6～7h 后土壤含水率的最大值一般在 30cm 左右深度处；灌后 24h 后土壤含水率的最大值一般在地面以下 40cm 左右深度处；且 60cm 深度处的土壤含水率明显小于其上部土壤含水率，这主要是由当地的土壤现状所导致。在一定时间范围内，随灌水时间的增加土壤含水率逐渐增加；灌水结束后，土壤含水率分布不均将引起水分继续向周围土壤运动的趋势。随着土壤水分再分布的进行，灌后 24h 土壤表面 25cm 以内的含水率明显小于灌后 0h 的土壤含水率。这是因为灌溉结束后，在重力作用下，土壤上部水分向下部及周围扩散，下部及周围土壤水分含量增加，上部土壤水分含量减少。土壤水分再分布达到一个相对稳定状态后，随蒸腾和蒸发作用时间的增加，湿润体各层土壤含水量均逐步减少，随时间的推移无限接近或小于灌溉前土壤含水率状态。

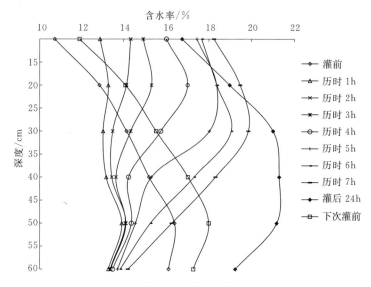

图 3.7　60.0mm 灌水定额处理土壤水分再分布过程

3.2.4　小结

（1）土壤水分分布的研究有助于在保障产量的同时减少不必要的水分消耗，灌水定额的增加与湿润体内的平均含水率的增加呈线性关系，且含水率等值线逐渐接近椭圆形。随着灌水定额的增大湿润体的体积不断增大，湿润体含水率也随之增大，距离滴头越近含水率等值线越密，外围含水率等值线较稀疏，滴头正下方约 40cm 深度处的土壤含水率达到最大值。在垂直方向，随灌水定额的增加含水率均呈现先增后减的趋势，40cm 深度以下土壤的渗透系数较大，导致含水率峰值没有继续向下移动的趋势。在水平方向，随灌水定额的增加含水率逐渐减小，但同一位置处的含水率随灌水定额的增加逐渐增加。

（2）土壤含水率垂直扩散速率比水平方向大，再分布过程湿润体的轮廓线形状可用半椭圆形方程表示，土壤水分再分布达到一个相对稳定状态后，土壤表面含水率明显小于灌溉时土壤含水率。同一灌水定额处理灌后 0h 的土壤含水率以滴头为中心呈长轴在纵向的椭圆形向外扩散。灌后 24h 的土壤含水率再分布过程基本结束，土壤水分达到一个相对稳定状态，土壤内最大含水率与最小含水率的差值变小。灌后 72h 随土壤深度与水平距离的增加土壤含水率减小幅度越小。

（3）在多砾石砂土土壤质地条件下，0～40cm 深度的多砾质土渗透系数较大，同一灌水处理的土壤含水率均在灌水 24h 后达到一个相对的稳定状态，此时 25cm 深度内的含水率明显小于灌后 0h 的土壤含水率。40～60cm 深度的轻砾石土渗透系数最大、保水能力极差，随灌水定额的增加含水率峰值逐渐下移至 40cm 深度处；当灌水定额大于 45.0mm 时，灌水定额的增加并不会使含水率的峰值下移，52.5mm 灌水定额处理的土壤含水率最接近田间持水率。52.5mm 灌水定额处理的土壤水分分布最优且有利于水资源的合理应用。

3.3 灌水定额对玉米耗水特征与产量的影响

新疆位于我国西北内陆干旱地区，提高作物生产用水效率的必要性明显[232]。在节水灌溉技术的基础上，高效的水资源管理在保障产量的同时能使用最少的水资源，意义重大[233]。灌溉需要与当地的农业生产环境相结合，因此研究结果具有一定的区域性[234]。新疆阿勒泰地区农业主要是在荒漠瘠薄的戈壁地上开发和发展起来的，该地区农业生产环境与其他地区存在很大差异[40]，其玉米灌溉制度有其自身特点。

本节对阿勒泰地区膜下滴灌灌溉条件下玉米的耗水特征及产量进行分析，以期揭示滴灌玉米不同灌水定额条件的适宜度。

3.3.1 不同灌水处理日均耗水量及阶段耗水强度

不同灌水处理玉米的日均耗水量如图 3.8 所示。由图可知，各处理日均耗水量呈双峰曲线变化，日均耗水量基本随着灌水定额的增大而增大。6 月 17 日前后日均耗水量因灌水定额的不同而呈现不同趋势，6 月 17 日之后处理间日均耗水量随灌水定额与各生育期需水量的不同而出现差异。从整个生育期耗水规律的趋势来看，日均耗水量随气温变化和作物生长规律呈现先增后减的趋势。随气温与作物需水量的增加，日均耗水量第一次峰值出现在 7 月 22 日左右，各处理日均耗水量在 6.00～8.21mm 之间变化；第二次峰值出现在 8 月 21 日左右，各处理日均耗水量在 5.27～6.54mm 之间变化。9 月 4 日之后因停水，故同一灌水定额的日均耗水量一致。7 月 9 日—8 月 26 日（喇叭口期—乳熟期）各处理间的日均耗水量出现分层现象，60.0mm 与 52.5mm 灌水定额处理的日均耗水量基本相同且明显大于其余处理，45.0mm 灌水定额处理次之，37.5mm 与 30.0mm 灌水定额处理的日均耗水量最小。说明该阶段灌水定额对日均耗水量的影响较大，对灌水定额的差异十分敏感。为了确保作物的生长发育，在喇叭口期、抽雄散粉期和乳熟期应加强水分管理。

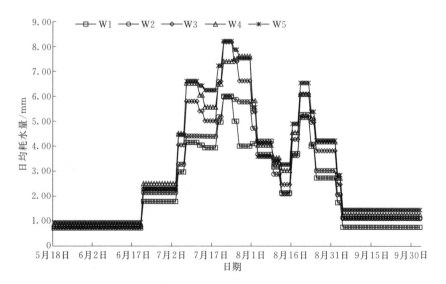

图 3.8   不同灌水处理玉米的日均耗水量

由图 3.9 不同灌水处理下玉米各生育期的阶段耗水强度可知，以生育期为尺度，各处理间的阶段耗水强度在全生育期内变化规律基本一致，呈倒立的 V 形趋势变化，阶段耗水强度由高到低顺序为：抽雄散粉期＞乳熟期＞喇叭口期＞完熟期＞播种—拔节期＞收割，且峰值均出现在抽雄散粉期。播种—拔节期采用相同的灌水定额保证充分蹲苗，故处理间阶段耗水强度相同。拔节期—抽雄散粉期处理间阶段耗水强度逐渐上升，抽雄散粉期达到最大，分别为 W1：4.58mm/d、W2：5.10mm/d、W3：6.19mm/d、W4：6.37mm/d、W5：6.59mm/d。这种趋势是由气温逐渐升高增加棵间蒸发及作物的生长使用水需求日益增加所致。阶段耗水强度的峰值出现在抽雄散粉期，说明膜下滴灌玉米在抽雄散粉期是作物生长需水关键期。乳熟期后阶段耗水强度开始下降，且完熟期—收割阶段耗水强度并不为 0。喇叭口期—乳熟期处理间阶段耗水强度出现分层现象，60.0mm、52.5mm 和 45.0mm 灌水定额处理的阶段耗水强度的差值非常小且差异不明显，但明显大于其余处理。37.5mm 灌水定额处理阶段耗水强度次之，30.0mm 灌水定额处理最小。说明灌水定额的差异将影响喇叭口期、抽雄散粉期与乳熟期阶段耗水强度的大小。

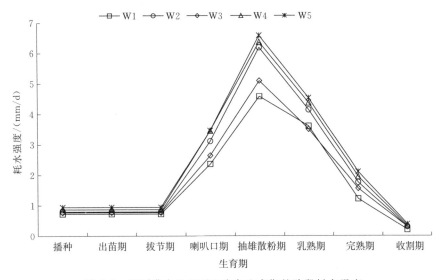

图 3.9　不同灌水处理下玉米各生育期的阶段耗水强度

3.3.2　不同灌水处理各生育期阶段耗水量及耗水模数

由表 3.1 可知，各处理玉米的阶段耗水量与耗水模数随生育期呈单峰曲线变化；总耗水量与灌水定额呈线性变化。阶段耗水量由高到低顺序为：抽雄散粉期＞喇叭口期＞乳熟期＞完熟期＞拔节期＞收割期＞播种—出苗期。阶段耗水量及耗水模数峰值均出现在抽雄散粉期，抽雄散粉期的阶段耗水量显著高于其他时期的耗水，占总耗水量的 33.00% 左右。播种—拔节期采用相同的灌水定额保证充分蹲苗，故各处理间的阶段耗水量的差值较小。拔节期—抽雄散粉期各处理间的阶段耗水量逐渐上升，抽雄散粉期达到最大，阶段耗水量在 60.0mm 灌水定额处理达最大值（144.87mm）。这种趋势是由于气温回升和作物生长使蒸散量日益增加。乳熟期—完熟期阶段耗水量开始下降，但收割期各处理的阶段耗水量较小，并不为 0；该时期 60.0mm 灌水定额处理阶段耗水量最高，为 11.66mm，较其他 4 个处理极显著差异（$P <$ 0.01）。说明完熟期之后仍以一定速率进行灌浆，故在断水前应进行一次充

分灌溉满足收割期的灌浆水分需求，适当的推迟收割时间增加灌浆时间以提高产量。

表 3.1　　　　不同灌水处理下玉米的阶段耗水量和耗水模数

生育期阶段		灌水定额/mm				
		30.0	37.5	45.0	52.5	60.0
播种—出苗	耗水量/mm	3.62a A	3.85b AB	3.97c BC	4.33cd C	4.71d C
	耗水模数/%	1.17a A	1.13a A	0.99a A	1.01a A	1.06a A
苗期	耗水量/mm	4.35a A	4.62b AB	4.76c BC	5.20cd C	5.66d C
	耗水模数/%	1.41a A	1.35ab AB	1.19bc ABC	1.22c BC	1.27c C
拔节期	耗水量/mm	12.32a A	13.10b AB	13.49c BC	14.74cd C	16.02d C
	耗水模数/%	3.98a A	3.84ab AB	3.38bc ABC	3.45c BC	3.61c C
喇叭口期	耗水量/mm	73.21a A	81.95a A	96.57a AB	107.15b BC	107.25b C
	耗水模数/%	23.69a A	24.00a A	24.17a A	25.06a A	24.16a A
抽雄散粉期	耗水量/mm	100.82a A	112.19ab A	136.19b B	140.14c B	144.87d B
	耗水模数/%	32.62a A	32.86a A	34.08a A	32.78a A	32.63a A
乳熟期	耗水量/mm	72.12a A	70.11a AB	82.84b B	87.42c C	90.59c C
	耗水模数/%	23.33a A	20.53b B	20.73b B	20.45b B	20.41b B
完熟期	耗水量/mm	36.58a A	46.73b B	52.73c C	58.41d D	63.16e E
	耗水模数/%	11.84a A	13.69b AB	13.20b AB	13.66b B	14.23c C
收割期	耗水量/mm	6.07a A	8.89b B	9.05c B	10.13c B	11.66d C
	耗水模数/%	1.96a A	2.60a A	2.26b B	2.37b B	2.63c C
耗水总量 /mm		309.09± 3.96d	341.46± 10.16c	399.60± 0.27b	427.54± 1.72a	443.93± 0.67a

注　同行数据后不同小写字母表示各处理间差异显著（$P<0.05$），不同大写字母表示差异极显著（$P<0.01$）。

经 LSD 法分析表明，乳熟期、喇叭口期和完熟期的阶段耗水量相对较高，该阶段在 52.5mm、60.0mm 灌水定额处理的阶段耗水量与其他处理差异显著（$P<0.05$）；其余各生育期以 45.0mm 灌水定额处理为界，高灌水处理与低灌水处理差异显著（$P<0.05$）。说明阶段耗水量较高的生育期对水分的敏感程度更高。玉米全生育期总耗水量在 52.5mm、60.0mm 灌水定额处理下无显著差异（$P>0.05$），与其他灌水处理差异显著（$P<0.05$）。说明当灌水定额小于 52.5mm 时，满足不了玉米的需水量；当达到一定灌水定额时，单纯地提高灌水定额对阶段耗水量的影响微弱。

3.3.3　不同灌水处理对玉米产量构成要素的影响

为探究产量与产量构成要素的相关性，表 3.2 用 LSD 法分析了产量与其构成要素的相关程度。分析可知，产量与百粒重相关性不显著，与秃尖长呈负相关，与其他构成要素在 0.01 水平呈极显著相关。由此可以看出，理想的产量构成要素是最终产量的保障。

表 3.2　产量与产量构成要素之间的相关分析

相关性 R	百粒重	每穗粒数	秃尖长	穗长	穗位高
产量	0.631	0.969 **	−0.078	0.884 **	0.822 **

注　* 表示显著性水平达 0.05，** 表示显著水平达 0.01。

产量构成要素又受水分的影响，理想的产量构成要素需合理的灌溉制度。表 3.3 用 LSD 法分析了不同灌水定额处理下滴灌玉米各产量构成要素的差异性。分析可知，以 45.0mm 灌水定额处理为界，除百粒重之外低灌水（30.0mm 与 37.5mm）与高灌水（52.5mm 与 60.0mm）处理的产量构成要素差异显著。说明灌水定额小于 45.0mm 时，因水分亏缺，将导致玉米穗长较小，每穗粒数减少且秃尖长较长，从而影响最终的产量。但与高灌水处理相比，低灌水处理的水分能满足较少每穗粒数的水分需求，因此各处理间的百粒重差异不显著。52.5mm 灌水定额处理的产量构成要素最大，52.5mm 灌水定额处理的穗长与 60.0mm、45.0mm、37.5mm、30.0mm 灌水定额处理的差幅分别为：2.25％、5.1％、9.21％、14.69％；52.5mm 灌水定额处理下的每穗粒数与 60.0mm、45.0mm、37.5mm、30.0mm 灌水定额处理的差幅分别为：2.04％、6.29％、14.29％、22.11％；52.5mm 灌水定额处理下的百粒重与 60.0mm、45.0mm、37.5mm、30.0mm 灌水定额灌水定额处理的差幅分别为：1.71％、5.61％、6.70％、9.03％。以上分析表明，灌水定额过大对产量构成要素的影响并不明显，因此适宜的灌溉制度可以达到理想的产量构成要素而且可以节约灌溉用水。

表 3.3　不同灌水定额处理下滴灌玉米产量构成要素指标

试验处理	穗长/cm	每穗粒数/粒	百粒重/g	穗位高/cm	秃尖/cm
W1	15.56±0.13e	458±7.50c	29.20±0.80b	74.4±1.34c	2.00±0.15c
W2	16.56±0.11d	504±12.00b	29.95±0.75ab	79.4±1.00b	1.61±0.20b
W3	17.31b±0.21c	551±3.31ab	30.30±0.50ab	87.6±0.20a	0.87±0.19a
W4	18.24±0.02a	588±12.00a	32.10±0.90a	88.1±0.30a	0.80±0.08a
W5	17.86±0.01ab	576±12.50a	31.55±0.05ab	86.5±0.10a	0.77±0.08a

注　同列数据后不同小写字母表示各处理间差异显著（$P < 0.05$），数值后"±"号表示平均数加减标准差。

3.3.4　不同灌水处理对利用效率与产量的影响

由表 3.4 不同灌水定额间产量、耗水量和水分利用效率的差异性可知，耗水量与灌水量呈线性变化关系，随灌水量的增加，灌水量与耗水量的差值越大，60.0mm 灌水定额处理下灌水量与耗水量的差值最大（163.57mm），说明灌水量越大深层渗漏损失越严重。经 LSD 法分析表明，在 52.5mm 和 60.0mm 灌水定额处理间耗水量无显著差异，与其他灌水水平差异显著（$P<0.05$）。说明灌水定额小于 52.5mm 时，满足不了玉米的需水量，水分亏缺将制约玉米的产量。当灌水定额为 52.5mm 时，基本上已经满足玉米的需水量，增加灌水定额不仅会造成水资源浪费，而且最终产量出现下降的趋势。

表 3.4　　　不同灌水定额处理对产量、耗水量与利用效率的影响

处理	灌水定额/mm				
	30.0	37.5	45.0	52.5	60.0
灌水量/mm	337.50	405.00	472.50	540.00	607.50
耗水量/mm	309.09± 3.96d	341.46± 10.16c	399.60± 0.27b	427.54± 1.72a	443.93± 0.67a
实际产量 /(kg/hm²)	7789.16± 190.76b	9544.27± 184.37b	12785.37± 87.48a	14134.04± 132.59a	13826.27± 167.86a
水分利用效率 /[kg/(hm²·mm)]	25.64±0.31d	28.90±0.84c	32.84±0.25ab	34.00±0.56a	32.08±1.30ab
灌溉水利用效率 /[kg/(hm²·mm)]	23.07±0.12a	23.57±0.23a	27.06±0.19a	26.17±0.55a	22.8±0.95a

注　同行数据后不同小写字母表示各处理间差异显著（$P<0.05$），数值后"±"号表示平均数加减标准差。

其余各项指标与灌水量呈单峰曲线变化。产量在 52.5mm 灌水定额处理达到最高，为 14134.04kg/hm²，与 30.0mm、37.5mm、45.0mm 和 60.0mm 灌水定额处理的差幅分别为：44.89%、32.47%、9.54%、2.18%。经 LSD 法分析表明，产量在 45.0mm、52.5mm 和 60.0mm 灌水定额处理下差异不显著，它们分别与 30.0mm、37.5mm 灌水定额处理差异显著（$P<0.05$）。说明在玉米生长过程中一定程度的水分短缺将抑制玉米产量的增长。

水分利用效率在 30.0mm 与 37.5mm 灌水定额处理下与其他处理差异显著（$P<0.05$），且在 52.5mm 灌水定额处理下为最优，为 34.00kg/(hm²·mm)。

与 52.5mm 灌水定额处理相比，45.0mm 和 60.0mm 灌水定额处理的水分利用效率分别下降了 3.00%、5.96%。各处理间的灌溉水利用效率差异性不显著（$P>0.05$），但呈单峰曲线变化，在 45.0mm 灌水定额处理下达到峰值，为 27.06kg/（hm^2·mm）。当灌水定额大于 52.5mm 时，除耗水量以外其余指标均出现下降的趋势，说明适宜的灌溉制度在满足玉米耗水量的同时既可达到高产又可以提高利用效率。52.5mm 灌水定额处理是产量与利用效率兼优的灌溉制度。

3.3.5　小结

（1）随时间与生育期的推进，各处理间的日均耗水量与阶段耗水强度均表现出先增后减的趋势。因播种—拔节期采用的灌水定额相同，故各处理间的日均耗水量与阶段耗水强度基本相同。拔节期后各处理间的日均耗水量与阶段耗水强度因灌水定额不同而出现差异。日均耗水量峰值分别出现于抽雄散粉期与喇叭口期，阶段耗水强度的峰值出现于抽雄散粉期。喇叭口期—乳熟期各处理间的日均耗水量与阶段耗水强度均出现分层现象，60.0mm 与 52.5mm 灌水定额处理的日均耗水量基本相同且明显大于其余处理，45.0mm 灌水定额处理次之，37.5mm 与 30.0mm 灌水定额处理最小。60.0mm、52.5mm 与 45.0mm 灌水定额处理的阶段耗水强度差异不明显但明显大于其余处理，37.5mm 灌水定额处理次之，30.0mm 灌水定额处理最小。说明灌水定额的差异将影响喇叭口期—乳熟期的日均耗水量与阶段耗水强度的大小。

（2）玉米的阶段耗水量与耗水模数随生育期呈单峰曲线变化，阶段耗水量及耗水模数峰值均出现在抽雄散粉期。播种—拔节期的灌水定额相同，故处理间的阶段耗水量与耗水模数的差值均较小。拔节期—抽雄散粉期各处理间的阶段耗水量逐渐上升，抽雄散粉期的阶段耗水量与耗水模数明显高于其他时期，其中该阶段耗水量约占总耗水量的 33.00% 左右。乳熟期—完熟期阶段耗水量开始下降，但收割期各处理的耗水量较小，并不为 0，说明完熟期之后仍以一定速率进行灌浆，应适当地推迟收割时间增加灌浆时间以提高产量。玉米大部分生育期的耗水量以 45.0mm 灌水定额处理为界，大于 45.0mm 灌水定额处理与小于 45.0mm 灌水定额处理间差异显著（$P<0.05$）。玉米全生育期总耗水量在 52.5mm、60.0mm 灌水定额处理下无显著差异，与其他灌水定额处理的差异显著（$P<0.05$）。说明灌水定额的变化对耗水量的影响较大，当灌水定额大于 52.5mm 时，单纯地提高灌水定额对耗水量的影响微弱。

（3）产量的保障是基于合理的灌水定额，产量的多少来源于产量构成要素，因此需探求灌水定额与产量构成要素之间的关系。由分析可知，产量与百粒重相关性不显著，与秃尖长呈负相关，与其他构成要素呈极显著相关（$P<0.01$）。

以 45.0mm 灌水定额处理为界，大于 45.0mm 灌水定额处理与小于 45.0mm 灌水定额处理间的百粒重差异不显著，但其余产量构成要素均差异显著。说明低灌水处理虽然制约了籽粒库，但仍能满足现有籽粒库的水分要求。52.5mm 灌水定额处理的产量构成要素最大，而且灌水定额持续增加对产量构成要素的影响并不明显。

（4）耗水量与灌水定额呈线性变化趋势，产量、WUE 以及 $IWUE$ 与灌水定额呈单峰曲线变化趋势。随灌水定额的增加，灌水定额与耗水量的差值越大，最大差值为：163.57mm。在 52.5mm 和 60.0mm 灌水定额处理间耗水量无显著差异，与其他灌水水平差异显著（$P<0.05$）。52.5mm 灌水定额处理的产量最高，为 14134.04kg/hm²，在 45.0mm、52.5mm 和 60.0mm 灌水定额处理下差异不显著，但均与 30.0mm、37.5mm 灌水定额处理差异显著（$P<0.05$）。30.0mm 与 37.5mm 灌水定额处理的 WUE 与其他处理差异显著（$P<0.05$），且在 52.5mm 灌水定额处理最优，为 34.00kg/(hm²·mm)。$IWUE$ 在 45.0mm 灌水定额处理下达到峰值，为 27.06kg/(hm²·mm)，但各处理间灌溉水利用效率差异性不显著（$P>0.05$）。

3.4　膜下滴灌玉米的综合评价分析

我国社会主要矛盾已经转化为人民日益增长的美好生活需要和不平衡不充分的发展之间的矛盾[235-237]。人民日益增长的美好生活需要是建立在农业领域的农业生产之上，我国西北干旱地区的农业生产与水生态之间的矛盾极不平衡，以合理的评价方法确定科学的灌溉制度对此矛盾的解决具有重要意义。膜下滴灌技术具有促进作物生长发育、提高作物产量、提高经济效益等功能[238]。但农业种植缺乏合理的水分管理机制，水资源利用率仍有提高的空间。关于膜下滴灌玉米灌溉制度的研究，仍停留于简单单一的水分利用效率法，其科学合理性欠佳。

基于此，本节综合评价生长指标、增产指标和节水指标对灌水定额的响应。但使用传统 AHP 法分析试验数据时发现，传统 AHP 法存在标度合理性欠缺与一致性检验缺乏客观依据等问题[239-240]。采用模糊综合评判法与优化后的 AHP 法对膜下滴灌玉米的灌溉制度进行研究，为完善农业灌溉领域评价体系提供理论依据。

3.4.1　不同灌水定额下玉米生长指标的模糊评判

表 3.5 为不同灌水处理下玉米生长指标的因素论域。当灌水定额由 30.0mm 增加至 52.5mm，处理间的株高无显著性差异，灌水定额由 37.5mm 增加至 60.0mm，处理间的株高也无显著性差异，只是 30.0mm 与 60.0mm 灌水定额处

理间的株高差异显著（$P<0.05$）。各灌水处理间的叶面积指数均无显著性差异。30.0mm 与 37.5mm、45.0mm 灌水定额处理间的茎粗差异显著（$P<0.05$），与 52.5mm、60.0mm 灌水定额处理差异不显著，且 37.5～60.0mm 灌水定额处理间的茎粗无显著性差异（$P<0.05$）。显著性分析只是从灌水定额对某个单项指标的影响进行了分析，而且各项指标对灌水定额的响应不一致，也无法分析不同灌水定额处理下各项生长指标的优劣。只能定性地从灌水定额的变化对生长指标的变化趋势上得出，52.5mm 灌水定额处理下各项生长指标最优。故采用模糊综合评判的数学方法，综合考虑各项生长指标，探究不同灌水定额对膜下滴灌玉米生长指标的优劣程度。

膜下滴灌玉米生长指标均为正向指标，表 3.6 是根据式（2.7）进行归一化处理的结果。表 3.7 是根据式（2.9）得到的隶属度矩阵 R。根据式（2.10）计算表 3.7 中数据得到权重模糊集 $W=(0.33, 0.34, 0.33)$，由式（2.11）进行综合评判得到 $B_1=(0.19, 0.19, 0.20, 0.21, 0.21)$。由模糊评价综合向量 B_1 可知，对 52.5mm 与 60.0mm 灌水定额处理下生长指标的评价最优，30.0mm 与 37.5mm 灌水定额处理下生长指标的评价最差。52.5mm 与 60.0mm 灌水定额处理最有利于膜下滴灌玉米各项生长指标的生长，但结合该地区农业生产环境以及节约水资源的观念，认为 52.5mm 灌水定额处理最适宜该地区膜下滴灌玉米的生长。

表 3.5　　　　　　　　　不同灌水处理下生长指标的因素论域

灌水定额/mm	株高/cm	叶面积指数	茎粗/cm
30.0	113.33±7.58b	3.67±0.59a	2.44±0.89a
37.5	120.02±8.97ab	3.91±0.57a	2.29±0.04b
45.0	127.26±6.55ab	4.16±0.52a	2.24±0.11b
52.5	136.25±3.96ab	4.58±0.41a	2.33±0.28ab
60.0	143.13±3.30a	4.46±0.43a	2.32±0.13ab

注　同列数据后不同小写字母表示处理间差异显著（$P<0.05$），数值后"±"号表示平均数加减标准差。

表 3.6　　　　　　　　　　归 一 化 处 理

灌水定额/mm	株高/cm	叶面积指数	茎粗/cm
30.0	0.79	0.80	1.00
37.5	0.84	0.85	0.94
45.0	0.89	0.91	0.92
52.5	0.95	1.00	0.95
60.0	1.00	0.97	0.95

表 3.7　　　　　　　　　　　　隶 属 度 矩 阵 **R**

灌水定额/mm	株高/cm	叶面积指数	茎粗/cm
30.0	0.18	0.18	0.21
37.5	0.19	0.19	0.20
45.0	0.20	0.20	0.19
52.5	0.21	0.22	0.20
60.0	0.22	0.21	0.20

3.4.2　不同灌水定额下玉米产量及其构成的模糊评判

表 3.8 为不同灌水处理下玉米产量及其构成的因素论域。灌水定额由 30.0mm 增加至 52.5mm 处理间的穗长差异性显著（$P<0.05$），52.5mm 与 60.0mm 灌水定额处理之间差异不显著。30.0mm 与 37.5mm 灌水定额处理间的每穗粒数差异显著，但灌水定额大于 45.0mm 的各处理差异不显著（$P<0.05$）。30.0mm 与 52.5mm 灌水定额处理间的百粒重差异显著，其余灌水定额处理间差异不显著（$P<0.05$）。30.0mm 与 37.5mm 灌水定额处理间的穗高与秃尖长差异显著，其余灌水定额处理间差异不显著（$P<0.05$）。各处理间的产量构成要素差异显著，说明灌水量的增加对各项指标的影响显著。由分析可以看出，灌水定额对产量及其构成的影响大致表现为：灌水定额由 30.0mm 增加至 45.0mm，对产量构成的影响显著；当灌水定额大于 45.0mm 时，灌水量的增加对产量构成的影响较小。各处理间的 $IWUE$ 差异均不显著。灌水定额由 30.0mm 增加至 45.0mm，各处理间的产量、耗水量与 WUE 均差异显著（$P<0.05$）；52.5mm 与 60mm 灌水定额处理间的产量和耗水量差异不显著。说明当灌水定额大于 52.5mm 时，灌水量的增加对产量、耗水量和 $IWUE$ 这三项指标的影响不显著。前文从各指标分析了不同灌水定额对玉米产量和耗水的影响，只能定性地确定 52.5mm 灌水定额适宜膜下滴灌玉米产量及其构成，结论具有强解释性且直观性不足，也未从全局角度综合说明不同灌水定额的相对优劣。所以从耗水量、利用效率、产量及其构成等方面评价 5 种灌水定额具有必要性。

模糊综合评判的数学方法不仅有效地规避了主观因素，而且综合考虑各项指标对灌水量的响应。从而确定对产量及其构成的最优灌水定额。膜下滴灌玉米的产量及其构成的各项指标中，秃尖长与耗水量为逆向指标，故根据式（2.6）进行归一化处理的结果；其余均为正向指标，根据式（2.7）进行归一化处理，归一化处理结果见表 3.9。将表 3.9 中的数据根据式（2.9）计算得到的隶属度矩阵 **R**。根据式（2.10）计算表 3.10 中数据得到权重模糊集 **W** = (0.11，0.11，0.11，0.11，0.11，0.11，0.11，0.12，0.11)，再由式（2.11）

进行综合评判得到 $B_2 = (0.17, 0.19, 0.22, 0.23, 0.19)$。由模糊评价综合向量 B_2 可知，对 52.5mm 灌水定额处理的产量及其构成的评价最优，30.0mm 灌水定额处理的评价最差，说明 52.5mm 的灌水处理最有利于膜下滴灌玉米的产量及其构成。

表 3.8　　　　　不同灌水处理下玉米产量及其构成的因素论域

灌水定额/mm	产量构成					产量/(kg/hm²)	耗水量/mm	WUE/[kg/(hm²·mm)]	IWUE/[kg/(hm²·mm)]
	穗长/cm	每穗粒数/粒	百粒重/g	穗位高/cm	秃尖长/cm				
30.0	15.56e	458c	29.20b	74.4c	2.00c	7789.16b	309.09d	25.64d	23.07a
37.5	16.56d	504b	29.95ab	79.6b	1.61b	9544.27b	341.46c	28.90c	23.57a
45.0	17.31c	551ab	30.30ab	87.6a	0.87a	12785.37a	399.60b	32.84ab	27.06a
52.5	18.24a	588a	32.10a	88.1a	0.80a	14134.04a	427.54a	34.06a	26.17a
60.0	17.86ab	576a	31.55ab	86.5a	2.75a	13826.27a	443.93a	32.08ab	22.8a

注　同列数据后不同小写字母表示处理间差异显著（$P < 0.05$）。

表 3.9　　　　　　　归 一 化 处 理

灌水定额/mm	产量构成					产量	耗水量	WUE	IWUE
	穗长	每穗粒数	百粒重	穗位高	秃尖长				
30.0	0.85	0.78	0.91	0.84	0.40	0.55	1.00	0.75	0.85
37.5	0.91	0.86	0.93	0.90	0.50	0.68	0.91	0.85	0.87
45.0	0.95	0.94	0.94	0.99	0.91	0.90	0.77	0.97	1.00
52.5	1.00	1.00	1.00	1.00	1.00	1.00	0.72	1.00	0.97
60.0	0.98	0.98	0.98	0.98	0.29	0.98	0.70	0.94	0.84

表 3.10　　　　　　　隶 属 度 矩 阵 R

灌水定额/mm	产量构成					产量	耗水量	WUE	IWUE
	穗长	每穗粒数	百粒重	穗位高	秃尖长				
30.0	0.18	0.17	0.19	0.18	0.13	0.13	0.17	0.24	0.19
37.5	0.19	0.19	0.20	0.19	0.16	0.16	0.19	0.22	0.19
45.0	0.20	0.21	0.20	0.21	0.30	0.22	0.21	0.19	0.22
52.5	0.21	0.22	0.21	0.21	0.32	0.24	0.22	0.18	0.21
60.0	0.21	0.22	0.21	0.21	0.09	0.24	0.21	0.17	0.19

3.4.3　优化 AHP 法对膜下滴灌玉米的综合评价

确定各层次因素间的权重时，如果只是定性地去构造成对比较矩阵，主观性较强且没有科学依据。目前多采用 1～9 标度法[204]构造矩阵，见表 2.7。1～9 标度法是将考虑因素进行两两比较，一定程度上减少了主观判断，降低因素间因性质不同而比较困难的程度，提高了准确性。但两个因素之间重要程度的判断仍存在客观性，需重复构造矩阵直至满足一致性要求，使人们对试验结果的科学性产生质疑。

针对 1～9 标度法存在的不足，本书文进行了改进。计算准则层对目标层的单排序权向量时，通过 SPSS 软件将准则层的 9 个因素进行相关性分析，见表 3.11。在各因素与产量之间相关性程度以及两个因素间相关性程度的基础上，结合 1～9 标度法的赋值标准构造准则层对目标层的成对比较矩阵，见表 3.12。

表 3.11　　　　　　　　　　　准则层各因素之间的相关性

因素	穗长	每穗粒数	百粒重	穗位高	秃尖长	产量	WUE	耗水量	IWUE
穗长	1.000	0.930**	0.805**	0.837**	−0.718*	0.887**	0.622	0.939**	0.233
每穗粒数	0.930**	1.000	0.680*	0.868**	−0.701*	0.976**	0.804**	0.930**	0.431
百粒重	0.805**	0.680*	1.000	0.767**	−0.829**	0.682*	0.378	0.806**	0.016
穗位高	0.837**	0.868**	0.767**	1.000	−0.937**	0.886**	0.679*	0.897**	0.431
秃尖长	−0.718*	−0.701*	−0.829**	−0.937**	1.000	−0.756*	−0.522	−0.817**	−0.270
产量	0.887**	0.976**	0.682*	0.886**	−0.756*	1.000	0.872**	0.912**	0.522
WUE	0.622	0.804**	0.378	0.679*	−0.522	0.872**	1.000	0.599	0.810**
耗水	0.939**	0.930**	0.806**	0.897**	−0.817**	0.912**	0.599	1.000	0.170
IWUE	0.233	0.431	0.016	0.431	−0.270	0.522	0.810**	0.170	1.000

注　＊表示两因素在 0.05 水平（双侧）上显著相关，＊＊表示两因素在 0.01 水平（双侧）上显著相关。

表 3.12　　　　　　　　　　　准则层各因素对目标层的成对比较矩阵

因素	A_1	A_2	A_3	A_4	A_5	A_6	A_7	A_8	A_9
A_1	1	1/2	4	1	2	1/3	1	1/2	7
A_2	2	1	6	2	4	1	2	2	7
A_3	1/4	1/6	1	1/4	1/2	1/6	1/4	1/5	3
A_4	1	1/2	4	1	2	1/3	1	1/2	7
A_5	1/2	1/4	2	1/2	1	1/5	1/2	1/3	5
A_6	3	1	6	3	5	1	3	2	7

续表

因素	A₁	A₂	A₃	A₄	A₅	A₆	A₇	A₈	A₉
A₇	1	1/2	4	1	2	1/3	1	1	7
A₈	2	1/2	5	2	3	1/2	1	1	8
A₉	1/7	1/7	1/3	1/7	1/5	1/7	1/7	1/8	1

计算方案层对准则层的单排序权向量时，通过 SPSS 软件将方案层的 5 个灌水定额进行显著性分析，见表 3.13。各处理间的显著性大小结合 1～9 标度法的赋值标准构造方案层的成对比较矩阵，方案层不同灌水定额对准则层各因素的成对比较矩阵见表 3.14～表 3.22。该方法是在相关性与显著性分析的基础上，结合 1～9 标度法赋值标准去构造成对比较矩阵。在两两比较过程中是以数学分析结果为依据进行赋值，并不是通过主观判断而赋值，在准确性与科学性方面更具说服力。

表 3.13　　　　　　　各处理间准则层各因素的显著性差异

灌水定额/mm	产量构成					产量/(kg/hm²)	WUE/[kg/(hm²·mm)]	耗水量/mm	IWUE/[kg/(hm²·mm)]
	穗长/cm	每穗粒数/粒	百粒重/g	穗位高/cm	秃尖长/cm				
30.0	15.56e	458c	29.20b	74.4c	2.00c	7789.16b	25.64d	309.09d	23.07a
37.5	16.56d	504b	29.95ab	79.6b	1.61b	9544.27b	28.90c	341.46c	23.57a
45.0	17.31c	551ab	30.30ab	87.6a	0.87a	12785.37a	32.84ab	399.60b	27.06a
52.5	18.24a	588a	32.10a	88.1a	0.80a	14134.04a	34.06a	427.54a	26.17a
60.0	17.86ab	576a	31.55ab	86.5a	2.75a	13826.27a	32.08ab	443.93a	22.8a

注　同列数据后不同小写字母表示各处理间差异显著（$P<0.05$）。

表 3.14　　　　　　　方案层对准则层穗长的成对比较矩阵

穗长	B₁	B₂	B₃	B₄	B₅
B₁	1	1/3	1/5	1/7	1/6
B₂	3	1	1/3	1/5	1/4
B₃	5	3	1	1/3	1/2
B₄	7	5	3	1	2
B₅	6	4	2	1/2	1

表 3.15　　　　　　　　方案层对准则层每穗粒数的成对比较矩阵

每穗粒数	B_1	B_2	B_3	B_4	B_5
B_1	1	1/3	1/3	1/5	1/5
B_2	3	1	1/2	1/3	1/3
B_3	3	2	1	1/2	1/2
B_4	5	3	2	1	1
B_5	5	3	2	1	1

表 3.16　　　　　　　　方案层对准则层百粒重的成对比较矩阵

百粒重	B_1	B_2	B_3	B_4	B_5
B_1	1	1/2	1/2	1/3	1/2
B_2	2	1	1	1/2	1
B_3	2	1	1	1/2	1
B_4	3	2	2	1	2
B_5	2	1	1	1/2	1

表 3.17　　　　　　　　方案层对准则层穗位高的成对比较矩阵

穗位高	B_1	B_2	B_3	B_4	B_5
B_1	1	1/3	1/5	1/5	1/5
B_2	3	1	1/3	1/3	1/3
B_3	5	3	1	1	1
B_4	5	3	1	1	1
B_5	5	3	1	1	1

表 3.18　　　　　　　　方案层对准则层秃尖长的成对比较矩阵

秃尖长	B_1	B_2	B_3	B_4	B_5
B_1	1	1/3	1/5	1/5	1/5
B_2	3	1	1/3	1/3	1/3
B_3	5	3	1	1	1
B_4	5	3	1	1	1
B_5	5	3	1	1	1

表 3.19　　　　　　　　方案层对准则层产量的成对比较矩阵

产量	B_1	B_2	B_3	B_4	B_5
B_1	1	1	1/3	1/3	1/3
B_2	1	1	1/3	1/3	1/3
B_3	3	3	1	1	1

产量	B_1	B_2	B_3	B_4	B_5
B_4	3	3	1	1	1
B_5	3	3	1	1	1

表 3.20　　　　　方案层对准则层 *WUE* 的成对比较矩阵

WUE	B_1	B_2	B_3	B_4	B_5
B_1	1	1/3	1/3	1/5	1/3
B_2	3	1	1/2	1/3	1/2
B_3	3	2	1	1/2	1
B_4	5	3	2	1	2
B_5	3	2	1	1/2	1

表 3.21　　　　　方案层对准则层耗水量的成对比较矩阵

耗水量	B_1	B_2	B_3	B_4	B_5
B_1	1	1/3	1/3	1/7	1/7
B_2	3	1	1/5	1/5	1/5
B_3	5	3	1	1/3	1/3
B_4	7	5	3	1	1
B_5	7	5	3	1	1

表 3.22　　　　　方案层对准则层 *IWUE* 的成对比较矩阵

IWUE	B_1	B_2	B_3	B_4	B_5
B_1	1	1	1	1	1
B_2	1	1	1	1	1
B_3	1	1	1	1	1
B_4	1	1	1	1	1
B_5	1	1	1	1	1

3.4.4　层次单排序

同一层次因素对于上一层次因素中某个因素相对重要性的排序权值，这一过程称为层次单排序。计算层次单排序的归一化特征向量，首先应该对成对比较矩阵进行归一化处理得到隶属度矩阵。

由式（2.12）～式（2.15）求得准则层的单排序权向量 $\mathbf{Z}$ =（0.100，0.202，0.032，0.100，0.055，0.240，0.108，0.144，0.018），由式（2.16）

得知该层次单排序成对比较矩阵是不一致阵。故查表 2.8 可知，9 维矩阵的 $R.I.=1.46$，由式（2.18）和式（2.19）计算得 $C.R.=0.022<0.1$，满足一致性检验。

同理可得，方案层对准则层的层次单排序权向量及一致性比率分别为：$D_1=（0.042，0.084，0.177，0.425，0.273），C.R.=0.031<0.1$；$D_2=（0.057，0.118，0.178，0.324，0.324），C.R.=0.013<0.1$；$D_3=（0.098，0.184，0.184，0.349，0.184），C.R.=0.002<0.1$；$D_4=（0.051，0.108，0.281，0.281，0.281），C.R.=0.009<0.1$；$D_5=（0.051，0.108，0.281，0.281，0.281），C.R.=0.009<0.1$；$D_6=（0.091，0.091，0.273，0.273，0.273）$；$D_7=（0.065，0.132，0.210，0.383，0.210），C.R.=0.014<0.1$；$D_8=（0.044，0.075，0.162，0.360，0.360），C.R.=0.043<0.1$；$D_9=（0.200，0.200，0.200，0.200，0.200）$；其中灌水定额对产量与 $IWUE$ 的成对比较矩阵为一致阵，故不需要进行一致性检验。

3.4.5　层次总排序

计算 B 层次所有因素对目标层的相对重要性的权值称为层次总排序。这一过程是从目标层到方案层次依次进行的，方案层对准则层及准则层对目标层的层次单排序权向量在 3.4.4 节中计算求得并经过一致性检验。按式（2.20），将计算的层次单排序权向量进行累加计算得层次总排序权向量 $W=（0.065，0.105，0.218，0.325，0.286）$。由层次总排序权向量 W 可知，各方案权重为：$W_4>W_5>W_3>W_2>W_1$，即 52.5mm 灌水定额最适宜该地区膜下滴灌玉米的生长。

3.4.6　小结

（1）株高仅在 30.0mm 与 60.0mm 灌水定额处理间差异显著（$P<0.05$），其余处理间均差异不显著。各灌水处理间的叶面积指数均无显著性差异。30.0mm 与 37.5mm、45.0mm 灌水定额处理的茎粗差异显著（$P<0.05$），与 52.5mm、60.0mm 灌水定额处理差异不显著。只能定性地从灌水定额的变化对生长指标的变化趋势上得出，52.5mm 灌水定额处理下各项生长指标最优。综合考虑各项生长指标并采用模糊综合评判的数学方法，分析不同灌水定额对膜下滴灌玉米生长指标的优劣程度。由模糊综合评判模型计算得到模糊综合评价结果向量 B_1 可知，52.5mm 与 60.0mm 灌水定额处理生长指标的评价最优，30.0mm 与 37.5mm 灌水定额处理的评价最差。52.5mm 与 60.0mm 灌水定额处理最有利于膜下滴灌玉米各项生长指标的生长。

（2）以 45.0mm 灌水定额为界，小于 45.00mm 与大于等于 45.00mm 灌水

定额处理间的每穗粒数、穗位高、秃尖长、产量和 WUE 等指标差异显著（$P<$
0.05）。以 52.5mm 灌水定额为界，小于 52.5mm 与大于等于 52.5mm 灌水定额
处理间的穗长与耗水量指标差异显著（$P<0.05$）。30.0mm 与 52.5mm 灌水定
额处理间的百粒重差异显著（$P<0.05$），其余灌水定额处理间差异不显著，各
处理间的 $IWUE$ 均差异不显著。由不同灌水定额下玉米耗水量、产量及其构成
的分析结果，定性地认为 52.5mm 灌水定额处理适宜膜下滴灌玉米产量及其构
成。模糊综合评判模型综合考虑各项指标对灌水定额的响应，通过模型计算得
到的模糊综合评价结果向量 $\boldsymbol{B}_2$ 可知，对 52.5mm 灌水定额处理的产量及其构成
的评价最优，30.0mm 灌水定额处理的评价最差。

（3）传统 AHP 法采用 1～9 标度法构造成对比较矩阵，但赋值标准仍存在
一定的主观性，不易满足矩阵一致性要求需重复构造。因此构造成对比较矩阵
时，以相关性分析（显著性分析）和 1～9 标度法为双评判标准进行赋值，在两
两比较过程中以数学分析结果为基础，结合 1～9 标度法评判准则进行赋值，使
评价结果的准确性与科学性方面更具说服力。由层次单排序权向量 $\boldsymbol{Z}$ 可知，准
则层各指标的重要程度依次为：产量＞每穗粒数＞耗水量＞WUE＞穗长＝穗位
高＞秃尖长＞百粒重＞$IWUE$。由层次单排序权向量 D_1～D_9 可知，灌水定额对
9 类指标的相对重要性表现为 3 类趋势：灌水定额增加对指标的重要性越强；灌
水定额增加对指标的重要性呈单峰曲线；灌水定额增加对指标重要性无影响。
由层次总排序权向量 $\boldsymbol{W}$ 可知，拔节后灌水定额 52.5mm，灌水周期 7d，灌水 9
次，灌溉定额 472.5mm 是适宜多砾石砂土地区膜下滴灌玉米生长的灌溉制度。

3.5　结　　论

3.5.1　灌水定额对玉米生长指标的影响

（1）玉米株高随生育期呈 S 形曲线变化，喇叭口期—抽雄散粉期各处理生
长速率达到最快（6.87cm/d），抽雄散粉期之后增长速率逐渐减慢。玉米株高与
灌水定额成正比，灌水定额大于 52.5mm 对株高的影响微弱，尤其是乳熟期。
灌水定额小于 37.5mm 将出现生育期延缓现象。玉米茎粗呈"厂"字形变化，
拔节期—喇叭口期增长速率为 0.06mm/d 达到最大，喇叭口期后生长速率减小
直至出现负增长。30.0mm 灌水定额处理的茎粗最大，其次是 52.5mm 灌水定额
处理。52.5mm 灌水定额处理适宜玉米株高和茎粗的生长。

（2）玉米 LAI 随生育期呈单峰趋势变化，喇叭口期—抽雄散粉期各处理的
LAI 增长速率最快，抽雄散粉后期—乳熟期有明显下降趋势。灌水定额的增加
对 LAI 有明显影响，但大于 52.5mm 灌水定额处理间的 LAI 值相近，无明显差

异。玉米叶绿素含量随时间呈单峰曲线变化，峰值出现在抽雄散粉期后期。灌水定额对叶绿素含量影响较大，拔节期后各处理间叶绿素含量差异明显，但灌水定额大于 52.5mm 时，对玉米叶绿素含量基本无影响。52.5mm 灌水定额处理有利于 *LAI* 和叶绿素含量的增加。

（3）由灌水定额对玉米生长指标的影响可知，拔节期后灌水定额对玉米株高、*LAI* 与叶绿素含量影响较大，对茎粗影响较小，但在拔节期对茎粗影响较大。因此在拔节期采用 30.0mm 灌水定额，拔节期后采用 52.5mm 灌水定额不仅有利于促进玉米的生长而且有利于玉米籽粒的发育与干物质的积累，为后期高产奠定基础。

3.5.2　灌水定额下玉米水分分布特征

（1）灌水定额的增加与湿润体内平均含水率的增加呈线性关系，且含水率等值线逐渐接近椭圆形。在垂直方向，随灌水定额的增加含水率均呈现先增后减的趋势，在水平方向，随灌水定额的增加含水率逐渐增加。

（2）同一灌水定额处理灌后 0h 的土壤含水率以滴头为中心呈长轴在纵向的椭圆形向外扩散。灌后 24h 的土壤含水率再分布过程基本结束，土壤水分达到一个相对稳定状态，土壤内最大含水率与最小含水率差值变小。灌后 72h 随土壤深度与水平距离的增加土壤含水率的减小幅度变小。

（3）在多砾石砂土土壤质地条件下，0～40cm 深度处的多砾质土渗透系数较大，同一灌水处理的土壤含水率均在灌水 24h 后达到一个相对的稳定状态，此时 25cm 深度内的土壤含水率明显小于灌后 0h 的土壤含水率。40～60cm 深度处的轻砾石土渗透系数最大、保水能力极差，随灌水定额的增加土壤含水率峰值逐渐下移至 40cm 深度处；当灌水定额大于 45.0mm 时，灌水定额的增加并不会使土壤含水率的峰值下移。52.5mm 灌水定额处理的土壤含水率最接近田间持水率。52.5mm 灌水定额处理的土壤水分分布最优且有利于水资源的合理应用。

3.5.3　灌水定额对玉米耗水特征与产量的影响

（1）各处理间玉米的日均耗水量随时间呈双峰曲线变化，峰值均出现在抽雄散粉期和乳熟期。各处理间的阶段耗水强度随生育期呈倒立的 V 形趋势变化，峰值均出现在抽雄散粉期。收割期日均耗水量与阶段耗水强度均不为 0。日均耗水量和阶段耗水强度均随灌水定额的增大而增大，在喇叭口期—乳熟期，大于与小于 45.0mm 灌水定额处理下的日均耗水量和阶段耗水强度差异明显，但灌水定额大于 52.5mm 时对其影响较小甚至无影响。52.5mm 灌水定额处理已基本上能满足玉米正常生长所需水分。

（2）各处理间玉米的阶段耗水量与耗水模数随生育期呈单峰曲线变化，峰值均出现在抽雄散粉期，收割期各处理的阶段耗水量并不为 0。全生育期的阶段耗水量、耗水模数与灌水定额成正比。52.5mm 与 60.0mm 灌水定额处理的阶段耗水量在喇叭口期—完熟期无显著差异，但与其他处理差异显著（$P<0.05$）。灌水定额大于 52.5mm 时各处理间无显著差异，单纯地提高灌水定额对耗水量的影响微弱。

（3）每穗粒数、穗长、穗位高与产量极显著相关（$P<0.01$）。灌水定额对产量构成的影响规律不一致，大于与小于 45.0mm 灌水定额处理下，除百粒重外的其余产量构成差异显著（$P<0.05$）。52.5mm 与 60.0mm 灌水定额处理的产量构成无显著差异，且在 52.5mm 灌水定额处理下最大。52.5mm 灌水定额处理能使产量构成达到较理想状态，为最终产量提供保障。

（4）膜下滴灌玉米的产量、WUE 和 IWUE 随着灌水定额的增加呈单峰曲线变化，灌水定额为 52.5mm 时 IWUE 较高，产量与 WUE 达到峰值。灌水定额低于 37.5mm 对产量影响显著。灌水定额大于 52.5mm 将导致深层渗漏损失严重。因此针对多砾石砂土土壤质地条件下，52.5mm 灌水定额处理使产量和利用效率兼优。

3.5.4 膜下滴灌玉米的综合评价分析

（1）基于显著性分析结果并经主观判断分析可知，52.5mm 灌水定额既能使生长指标和产量构成最优也能获得高产，但结论直观性不足。通过模糊综合评判得到的综合向量 **B** 可知，52.5mm 与 60.0mm 灌水定额处理最有利于膜下滴灌玉米各项生长指标的生长；52.5mm 的灌水定额处理最有利于膜下滴灌玉米的产量及其构成。认为拔节期后 52.5mm 灌水定额适宜多砾石砂土地区膜下滴灌玉米的生长。

（2）优化 AHP 法得到的单排序权向量 **Z** 可知，产量、每穗粒数和耗水量对灌水定额的选取影响很大且重要程度较高，权重系数分别达到 0.240、0.202 和 0.144。由单排序权向量 $D_1 \sim D_9$ 可知，45.0mm、52.5mm 和 60.0mm 灌水定额处理对产量的影响最大，52.5mm 和 60.0mm 灌水定额处理对每穗粒数与耗水量的影响最大。层次总排序权向量 **W** 可以看出，52.5mm 灌水定额处理适宜膜下滴灌玉米各项指标充分平衡生长。拔节后灌水定额 52.5mm，灌水周期 7d，灌水 9 次，灌溉定额 472.5mm 的灌溉制度适宜多砾石砂土地区膜下滴灌玉米的生长。

第4章 多砾石砂土膜下滴灌春小麦 水氮高效利用研究

4.1 水氮互作对滴灌小麦生长、产量、水氮 吸收利用效率的影响

以往有关水氮条件对小麦生长、产量和水氮利用效率的影响研究主要集中在灌水或施氮单因素效应方面[20,36-38,241]，且主要是以大水漫灌为灌溉方式。而在滴灌灌水条件下二者交互作用的研究则较少，且水氮配施需要与当地的农业生产环境相结合，研究结果有一定的区域性。

为此，本节通过田间滴灌试验，研究不同水氮处理对春小麦生育期株高和干物质、产量构成因素、产量及水氮吸收利用效率的影响，为干旱地区多砾石砂土条件滴灌春小麦水氮运筹提供科学依据。

4.1.1 水氮互作对春小麦株高的影响

表4.1为2016年株高生长表，各处理的株高变化趋势都相同。拔节孕穗期是小麦株高增长最快的时期，株高日均增长1.5~3cm。在抽穗扬花期—灌浆期，小麦株高趋近平缓。

在小麦全生育期内，W3N3、W4N3、W5N3处理的株高比其他大多数处理都要高。在小麦分蘖期，施氮量及灌水定额相对低的处理即W1N1、W2N1、W3N1、W4N1、W5N1、W1N2、W2N2处理分别与施氮量和灌水定额相对较高的处理W4N3、W5N3处理的株高差异显著。在拔节期、孕穗期，W1N1、W2N1、W3N1处理分别与W3N3、W4N3、W5N3处理的株高差异显著。以上分析表明，在分蘖期—孕穗期，施氮量和灌水定额较大的处理对小麦株高增长较有利，尤其在分蘖期不能缺失水分和氮素。在分蘖期—孕穗期，W3N2、W4N2、W5N2、W1N3、W2N3处理都分别与W3N3、W4N3、W5N3处理无显著差异，在抽穗扬花期—灌浆期，除W2N3处理外，其他处理都分别与W3N3、W4N3、W5N3处理差异显著。说明在分蘖期—孕穗期，在相同灌水定额45.0~60.0mm条件下，将施氮量从179kg/hm² 提高至248kg/hm²，株高增长效果并不明显，但抽穗扬花期—灌浆期，随着又一次氮素施入以及前期土壤氮素的积累，株高增长效应明显。

以上结果表明，水分和施氮量对小麦株高影响显著，灌水定额和施氮量少的处理都明显抑制了小麦株高的增长，影响了小麦的正常生长。在分蘖期—灌浆期小麦灌水定额为 45.0～60.0mm，总施氮量为 179～248kg/hm² 的水氮组合有利于小麦株高增长。

表 4.1 　　　　　　　　　2016 年小麦株高生长表 　　　　　　单位：cm

处理	分蘖期	拔节期	孕穗期	抽穗扬花期	灌浆期
W1N1	7.66e	30.54bc	53.60de	54.60f	59.05e
W2N1	10.12bcde	29.67abc	53.30de	63.10bcdef	64.40bcde
W3N1	9.32bcde	29.36c	58.40cde	63.20abcde	61.85de
W4N1	8.61de	32.95abc	58.50abcd	60.40def	62.25bcde
W5N1	9.82bcde	35.31abc	59.70bcde	64.20abcd	64.40bcde
W1N2	9.29cde	41.98ab	56.26bcde	60.46cdef	60.90de
W2N2	9.81bcde	41.81ab	55.10e	58.00ef	59.20e
W3N2	9.42bcde	41.09a	62.75abc	61.65cdef	64.10bcde
W4N2	12.93abcd	38.23abc	63.75abc	63.05cdef	64.15bcde
W5N2	12.17abcd	39.38abc	64.60ab	66.10abc	67.80abcde
W1N3	11.95abcd	36.7abc	60.32a	61.45bcdef	61.40cde
W2N3	12.85abcd	35.15abc	62.17abc	65.55bcdef	70.35abcd
W3N3	13.82abc	37.33abc	63.30abc	72.55abc	73.05ab
W4N3	15.55a	38.59abc	62.90abc	71.15a	75.00abc
W5N3	14.70ab	38.05abc	61.45abcd	71.90ab	74.55a

注　同列数据不同小写字母表示在 $P<0.05$ 水平差异显著。

表 4.2 为 2017 年小麦株高生长表，各处理的株高变化趋势都相同。在拔节孕穗期和抽穗扬花期是小麦株高增长最快的时期，株高日均增长为 1.85～3cm。在灌浆期—成熟期，小麦株高趋近平缓。经主成分分析表明，施氮量比灌水定额对株高的影响大，施氮量对株高的影响显著。在分蘖期，W3N4、W5N4 处理的株高最大，与 W3N2 处理差异显著，其他处理与 W3N2 处理差异都不显著。在拔节孕穗期—成熟期，在相同施氮处理（N2）水平下，W1 处理的株高最小，说明 W1 处理不利于小麦正常生长。在拔节孕穗期—成熟期，除抽穗扬花期和灌浆期的 W3N4 处理，在相同灌水处理下，小麦株高随着施氮量的增加而增加。在 W1 灌水处理下，在拔节孕穗期—成熟期，N4 处理的株高比 N0 处理高 12%～34%，比 N2 处理高 7%～24%。在 W3 灌水处理下，在拔节孕穗期至成熟期，N4 处理的株高比 N0 处理高 18%～20%，与 N2 处理的株高相比变幅为高 1%～5%。在 W5 灌水处理下，在拔节孕穗期至成熟期，N4 处理的株高比

N0 处理高 5%～18%，比 N2 处理高 7%～15%。以上分析表明，在灌水定额较低（W1 处理）的情况下，增加施氮量能有效提高株高；相同灌水定额处理下，将施氮量从 N0 提至 N2 的株高差幅要大于 N2 提至 N4 的株高差幅，故施用 N2 处理的施氮量就已满足小麦株高的正常生长。在抽穗扬花期—成熟期，W5N0 处理的株高与 W1N0、W3N0 处理的差幅分别是 16%～24%，12%～17%，说明在不施氮的条件下，保证足够的水分，能有效提高株高。综合上述分析表明，在不施氮的情况下，保证土壤足够水分，也能保证小麦株高的正常生长。W1 处理由于水分的缺乏抑制了小麦株高的增长。施用 N2 处理的施氮量就已满足小麦株高的正常生长，多施无益。

经过两年数据分析，在分蘖期—灌浆期小麦灌水定额 45.0～60.0mm（W3～W5 处理），总施氮量在 179～248kg/hm²（N2～N3 处理）的水氮组合有利于小麦株高增长。

表 4.2   **2017 年小麦株高生长表**   单位：cm

处理	分蘖期	拔节孕穗期	抽穗扬花期	灌浆期	成熟期
W1N0	12.37ab	35.80bcd	56.20c	59.60c	54.93d
W3N0	12.26ab	33.67d	56.13c	60.93c	60.87cd
W5N0	11.11b	34.47cd	65.47abc	69.27b	68.00abc
W1N2	11.71ab	37.60abcd	58.87bc	63.13bc	61.07bcd
W3N2	10.37b	38.13abc	69.93a	72.40ab	70.93abc
W5N2	11.55ab	37.67abcd	64.27abc	69.33b	67.40abc
W1N4	11.82ab	40.13ab	72.80a	73.13ab	73.60abc
W3N4	12.79ab	40.07a	67.40ab	71.87b	71.87ab
W5N4	12.93a	40.87a	69.20ab	79.80a	74.80a

注 同列数据不同小写字母表示在 $P<0.05$ 水平差异显著。

4.1.2 水氮互作对春小麦干物质的影响

干物质是作物光合作用的最终产物，地上部分干物质是反映作物生长状况的一项重要的生长指标[242]。表 4.3 和表 4.4 为 2016 年、2017 年不同水氮处理的干物质积累表，小麦在拔节期—灌浆期干物质增长最快。2016 年，在分蘖期—拔节孕穗期，W5N3 的干物质积累最大，W5N3 处理与 W1N1、W2N1 处理的干物质差异显著；在抽穗扬花期—成熟期，W3N3 的干物质积累最大。在小麦生长前期（分蘖期—抽穗扬花期），灌水定额较小的处理（W1N1、W2N1、W1N2、W2N2、W1N3、W2N3）不利于小麦干物质积累。2017 年在分蘖期—抽穗扬花期，W3N4 处理的干物质最大，施氮量为 N2 与 N4 的各处理之间的干物质无显著差异，说明小麦生长前期过量的施氮量对小麦干物质积累无显著影响；在灌浆期—成熟期，W5N4 处理的干物质最大，且在相同施氮条件下，随着灌水量的增加，各处理的干物质也在增加。2016 年在灌浆期—成熟期，W1N1、W2N1 处理的干物质分别都与 W3N3、W4N3、W5N3 处理的干物质差异显著，W1N2 与 W3N3 处理的干物质差异显著；2017 年在灌浆期—成熟期，W1N0、W3N0 处理的干物质分别与 W5N2、W3N4、W5N4 处理的干物质差异显著。W5N0、W1N2 与 W5N4 处理的干物质差异显著。

表 4.3　　　　　　　2016 年不同水氮处理的干物质积累表　　　　单位：kg/hm²

处理	分蘖期	拔节孕穗期	抽穗扬花期	灌浆期	成熟期
W1N1	3791.17de	5233.95b	7178.62c	10505.25c	12372.90e
W2N1	3382.72e	5490.75b	8357.55abc	12139.42bc	14707.35de
W3N1	5042.47bcde	7743.52ab	9936.97abc	15881.62abc	17808.90cde
W4N1	5306.32abcd	7652.47ab	9317.02abc	15006.15abc	17508.75ab
W5N1	5805.90abc	8196.37ab	10064.02abc	16276.12ab	17742.22bcde
W1N2	4484.55bcde	6174.75ab	7813.57bc	14074.72abc	16725.30bcde
W2N2	4325.85cde	6429.22ab	8707.65abc	15237.30abc	17724.97abcd
W3N2	5007.45bcde	8079.67ab	11642.47ab	16476.90ab	19427.25abcd
W4N2	5623.80abcd	7563.82ab	10734.00abc	16904.85ab	20289.15abcd
W5N2	5000.47bcde	7626.82ab	11154.22ab	17742.22a	19713.82abc
W1N3	4666.65bcde	5901.60ab	8238.45abc	14972.47abc	16857.45cde
W2N3	4832.40bcd	5908.65ab	7972.35bc	15690.15abc	19913.25abcd
W3N3	5335.95abcd	7584.82ab	12655.35a	19514.02a	22328.55a
W4N3	5941.35ab	9667.20a	11749.50ab	18258.15a	21675.82ab
W5N3	7253.32a	9856.20a	11254.65ab	16852.72ab	20970.37abc

注　同列数据不同小写字母表示在 $P<0.05$ 水平差异显著。

表 4.4　　　　　　　2017 年不同水氮处理的干物质积累表　　　　单位：kg/hm²

处理	分蘖期	拔节孕穗期	抽穗扬花期	灌浆期	成熟期
W1N0	7910.62c	8731.03c	11358.55c	13646.82c	13433.63d
W3N0	7977.32bc	9384.69abc	11739.63bc	14473.90c	15213.82cd
W5N0	7843.92c	8991.16bc	11549.09bc	15587.79bc	15755.39cd
W1N2	8390.86abc	10358.51a	13500.08abc	14027.01c	14940.55cd
W3N2	8164.08abc	10305.15a	13966.98abc	15654.49abc	16141.15bc
W5N2	8084.04abc	10171.75ab	14653.99abc	17455.39ab	17275.15abc
W1N4	8070.70ab	10388.68a	14527.26ab	16262.51abc	16234.78bc

处理	分蘖期	拔节孕穗期	抽穗扬花期	灌浆期	成熟期
W3N4	8384.19a	9731.53abc	15227.01a	18001.58a	17714.92ab
W5N4	8090.71abc	9458.06abc	14914.12a	18115.72ab	18189.09a

注　同列数据不同小写字母表示在 $P<0.05$ 水平差异显著。

2016 年在相同施氮量为 $179\sim248kg/hm^2$ 的水平下，W2N2、W3N2、W4N2、W5N2、W1N3、W2N3、W3N3、W4N3、W5N3 各处理之间的干物质积累在拔节孕穗期—成熟期无显著差异，2017 年在相同施氮量 $179\sim317kg/hm^2$ 施氮水平下 W3N2、W5N2、W3N4、W5N4 各处理的干物质积累在全生育期都无显著差异。

以上分析表明在小麦生长后期（灌浆期—成熟期），氮素比水分对小麦干物质积累更为重要，适宜的氮素能促进小麦干物质积累，灌水定额为 45.0mm，施氮量为 $179kg/hm^2$（W3N2 处理）上继续增加施氮量，或继续增加灌水量已经不能显著增加干物质。

4.1.3　水氮互作对春小麦植株含氮量的影响

图 4.1 为 2016 年各水氮处理在各生育期的植株含氮量图。小麦氮素的吸收主要在前期，后期也吸收少量的氮素。其中拔节期—抽穗扬花期是小麦日吸收量的高峰期，日吸收量达 $1.5\sim4.32kg/hm^2$。分蘖期各处理的氮素累积率为25%～54%（平均累积率 34%）；拔节孕穗期各处理的氮素累积率为33%～61%（平均累积率 45%）；抽穗扬花期各处理的氮素累积率为 60%～75%（平均累积率 68%）；灌浆期各处理的氮素累积率为 73%～93%（平均累积率 82%）。

在相同施氮水平下，各生育期的植株含氮量随着灌水定额的增加而呈现先增加而后减小的趋势，在 W3、W4 处理下达到最大。经方差分析表明，在 N1、N2 施氮水平下，W1 与 W2 处理在分蘖期—拔节孕穗期的植株含氮量都差异不显著，在后期差异都显著。说明在 N1、N2 施氮水平下，W1 处理后期由于水分的缺乏抑制了小麦氮素的积累。在 N1 施氮水平下，W3 与 W4 处理在各个生育期的植株含氮量无显著差异。在 N2 施氮水平下，W3 与 W4 处理在后期的植株含氮量无显著差异。在 N3 施氮水平下，W4 与 W5 处理在各个生育期的植株含氮量都无显著差异。在 N1、N2、N3 施氮水平下，W3、W4 处理与 W1、W2 处理在各个生育期的植株含氮量都分别差异显著。W3N3 处理的植株含氮量在各个时期都与其他处理差异显著。

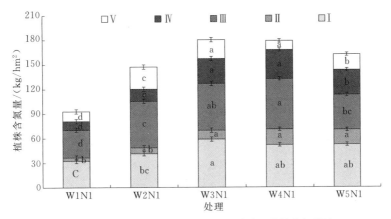

（a）在 N1 施氮水平下各处理在各生育期的植株含氮量图

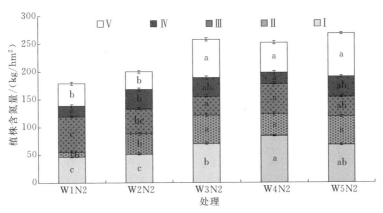

（b）在 N2 施氮水平下各处理在各生育期的植株含氮量图

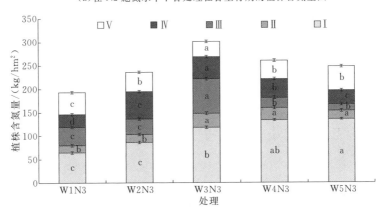

（c）在 N3 施氮水平下各处理在各生育期的植株含氮量图

图 4.1　2016 年各水氮处理在各生育期的植株含氮量图

Ⅰ—分蘖期；Ⅱ—拔节孕穗期；Ⅲ—抽穗扬花期；Ⅳ—灌浆期；Ⅴ—成熟期

注　同一生育期不同小写字母表示在 $P<0.05$ 水平差异显著。

如图 4.1 所示，在各灌水水平下，将施氮量从 N1 水平提高到 N2 水平，各生育期的植株含氮量均值增幅为 28%～78%。将施氮量从 N2 水平提高到 N3 水平，各生育期的植株含氮量均值增幅为 5%～34%。由以上分析可知在各灌水水平上，将施氮量从 N1 水平提高到 N2 水平，各生育期的植株含氮量均值的增幅比将施氮量从 N2 水平提高到 N3 水平的植株含氮量均值的增幅大。分蘖期—拔节孕穗期施氮量对小麦吸收氮素非常重要。在分蘖期，在各灌水水平下，将施氮量从 N1 水平提高到 N2 水平，植株含氮量增幅为 18%～45%（平均增幅 35%），其中在 W2、W3 灌水水平增加施氮量的处理差异不显著，其他灌水水平都差异显著。将施氮量从 N2 水平提高到 N3 水平，植株含氮量增幅为 38%～98%（平均增幅 66%），且各处理间差异都显著。在分蘖期增加施氮量有利于小麦植株含氮量吸收。在拔节孕穗期，将施氮量从 N1 水平提高到 N2 水平，植株含氮量增幅为 75%～100%（平均增幅 81%），其中在 W1、W5 灌水水平增加施氮量的处理差异不显著，其他灌水水平都差异显著。将施氮量从 N2 水平提高到 N3 水平，植株含氮量增幅为 5%～29%（平均增幅 20%）。在抽穗扬花期—成熟期施氮量对小麦植株含氮量影响相对较小，在各灌水水平（W1 处理除外），将施氮量从 N1 水平提高到 N2 水平，植株含氮量增幅为 18%～92%（平均增幅在 41%），且各处理间差异都显著；将施氮量从 N2 水平提高到 N3 水平，植株含氮量增幅为 5%～42%（平均增幅在 14%），植株含氮量的增幅随着灌水定额的增加呈先增大后减小趋势，其中 W3 灌水水平增幅达 34%，W4、W5 灌水水平增幅都为 9%。在 W1 灌水水平增加施氮量的处理差异不显著。在 W4 处理灌水水平增加施氮量的处理在成熟期差异不显著，其他处理之间在抽穗扬花期—成熟期将施氮量从 N2 水平提高到 N3 水平差异都显著。以上分析说明，将施氮量从 N1 水平提高到 N2 水平，在小麦分蘖期增施氮肥比拔节孕穗期—成熟期增施氮肥对小麦植株含氮量的影响大，且在前期过低过高的灌水量都不利于小麦植株含氮量的积累。灌水定额为 45.0mm（W3 处理），施氮量为 179～248kg/hm² （N2～N3 处理）的水氮组合对植株含氮量最有益，在分蘖期增加施氮量有利于小麦植株含氮量吸收。

4.1.4　水氮互作对春小麦产量构成的影响

千粒重、每穗粒数、有效穗数是构成产量的三大因素。表 4.5 和表 4.6 分别为 2016 年、2017 年不同水氮处理的春小麦产量构成表。2016 年产量构成表分析显示，灌水定额为 30.0～37.5mm 处理（W1～W2 处理）的千粒重随着施氮量的增加而增加，灌水定额为 45.0～60.mm 处理（W3～W5 处理）的千粒重随着施氮量的增加而呈减小的趋势。在相同灌水水平下，每穗粒数、有效穗数随着施氮量的增加而增加。在相同施氮水平下，每穗粒数和有效穗数随着灌水定额的增加而呈先增加后减小趋势。千粒重各处理间无显著差异。

W1N1 处理与 W3N3、W4N3、W5N3 处理的每穗粒数差异显著，其他处理间的每穗粒数差异不显著。W1N1 处理仅与 W2N1、W1N2、W2N2、W5N1、W5N2、W1N3 处理的有效穗数差异不显著，与其他处理间差异都显著，说明水氮相对较低的 W1N1、W2N1、W1N2、W2N2、W5N1、W5N2、W1H3 处理不利于有效穗数的增长。以上结果表明，施氮量为 N1 处理的每穗粒数、有效穗数都小于其他施氮量的处理，氮元素是小麦增产的重要因素，缺少氮元素对产量影响很大。在各灌水处理间比较，灌水定额为 $45.0 \sim 52.5 \text{mm}$ 处理（W3～W4 处理）的每穗粒数和有效穗数比其他处理都高。

表 4.5   2016 年不同水氮处理的春小麦产量构成表

处理	千粒重/g	每穗粒数/粒	有效穗数/(万株/hm²)
W1N1	49.49a	25.75b	316b
W2N1	48.42a	29.85ab	409ab
W3N1	51.32a	31.72ab	443a
W4N1	49.17a	30.20ab	467a
W5N1	51.03a	28.00ab	454ab
W1N2	50.59a	28.67ab	431ab
W2N2	51.33a	30.07ab	426ab
W3N2	51.46a	31.87ab	440a
W4N2	50.40a	31.15ab	475a
W5N2	50.85a	31.57ab	410ab
W1N3	49.41a	31.55ab	452ab
W2N3	51.54a	31.67ab	464a
W3N3	49.73a	33.70a	467a
W4N3	50.04a	34.62a	507a
W5N3	49.18a	33.12a	478a

注 同列数据不同小写字母表示在 $P<0.05$ 水平差异显著。

表 4.6 为 2017 年不同水氮处理春小麦的千粒重、每穗粒数和有效穗数表。除 W3 处理外，在相同灌水水平下，千粒重在不同施氮处理表现为 N0＜N4＜N2。除 W5 处理外，在相同灌水水平下，每穗粒数在不同施氮处理表现为 N0＜N2＜N4。在相同灌水水平下，有效穗数在不同施氮处理表现为 N0＜N2＜N4。在相同 N0、N4 施氮水平下，千粒重、每穗粒数在不同灌水处理表现为 W1＜W5＜W3。在相同 N2 施氮水平下，千粒重、每穗粒数在不同灌水处理表现为 W1＜W3＜W5。在相同 N2、N4 施氮水平下有效穗数在不同灌水处理表现为

W1<W3<W5。W1N2、W5N0、W1N4、W5N4 处理与 W5N2 处理的千粒重差异显著。N0 处理的小麦每穗粒数与 W3N2、W5N2、W3N4、W5N4 处理差异显著。W1N2 处理的每穗粒数与 W5N2、W3N4 处理差异显著。W1N0 处理与 W3N4 和 W5N4 处理的小麦有效穗数差异显著。W1N4 处理与其他处理除千粒重之外的产量构成因素都无显著差异。上述分析表明在一定范围内过多的施氮量和灌水量都会抑制小麦产量构成的增长。

表 4.6   2017 年不同水氮处理的春小麦产量构成表

处理	千粒重/g	每穗粒数/粒	有效穗数/(万株/hm²)
W1N0	38.50abc	27.31c	377b
W3N0	42.63abc	29.10c	465ab
W5N0	41.63bc	28.55c	454ab
W1N2	43.00bc	30.16bc	428ab
W3N2	43.23ab	36.36ab	465ab
W5N2	47.16a	39.65a	479ab
W1N4	40.33bc	33.41abc	459ab
W3N4	44.83abc	39.90a	489a
W5N4	41.03c	37.12ab	517a

注   同列数据不同小写字母表示在 $P<0.05$ 水平差异显著。

综上两年数据分析表明，W1 处理因水分的缺乏，与其他灌水处理的产量构成因素差异较大。N0、N1 处理也因氮素的缺乏与其他施氮处理的产量构成因素差异较大。W1N4 处理由于施入足量的氮对产量的增长起到了一定的促进作用。综合两年数据，灌水定额为 45.0～52.5mm（W3～W4 处理），施氮量为 179～248kg/hm²（N2～N3 处理）水氮组合对产量构成各项因素最有益。傅兆麟、仲爽等研究表明[243,79]，小麦的有效穗数主要在孕穗期间决定，每穗粒数主要在抽穗扬花期间决定，千粒重主要在灌浆期间决定。以上分析表明，保证高产关键需保证孕穗期到灌浆期适宜的灌水量和施氮量，尤其保证抽穗扬花期适宜的灌水量和施氮量，避免出现水分和氮素亏缺，影响最终产量。

4.1.5   水氮互作对春小麦产量的影响

图 4.2 和图 4.3 分别为 2016 年、2017 年不同水氮处理的小麦产量图。2016 年施氮量在 N1、N2、N3 水平和 2017 年施氮量在 N0、N4 水平下，小麦产量都随着灌水定额的增加而呈先增大而后减小的趋势，在 W3 或 W4 处理下达到最大。2017 年，施氮量在 N2 水平下，小麦产量随着灌水定额的增大而增大，但在 W3N2、W5N2 处理的差异不显著。2016 年数据显示，将氮肥从 N1 水平提高

至 N2 水平，除灌水定额为 30.0mm 处理外，其余处理的产量都增加了 22%～39%。将氮肥从 N2 水平提高至 N3 水平，W3N3、W4N3、W5N3 处理的产量增加了 1%～5%。W2N3 处理的产量反而降低了 9%，W1N3 处理的产量增加了 27%。将氮肥从 N2 水平提高至 N3 水平的产量增幅没有将氮肥从 N1 水平提高至 N2 水平的产量增幅大。2017 年数据显示，在 W1、W3、W5 灌水水平下，将氮肥从 N0 水平提高至 N2 水平，产量分别增加了 14%、17%、40%；在 W1、W3、W5 灌水水平下，将氮肥从 N2 水平提高至 N4 水平，产量分别增加了 12% 和降低了 1%、18%。2016 年数据表明，W3N2、W4N2、W5N2、W3N3、W4N3、W5N3 处理之间的产量无显著差异。2017 年数据表明，W3N2、W5N2、W3N4、W5N4 处理之间的产量无显著差异。研究表明[79]，干旱地区不同小麦种植地区适宜水氮增产的阈值都不同。在一定范围内，随肥料投入增大，水分增产效应也相应地增大，随水分的增加，氮肥的增产效应也增大，在阈值范围外，增产效应则逐渐减少。

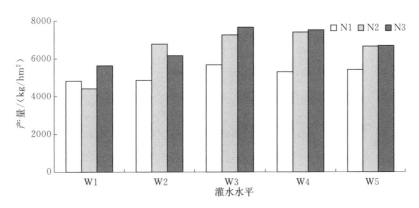

图 4.2　2016 年不同水氮处理的小麦产量图

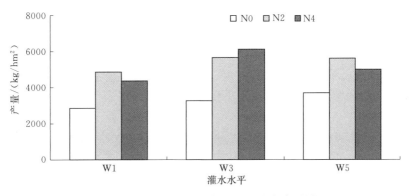

图 4.3　2017 年不同水氮处理的小麦产量图

由以上两年数据分析可知，灌水定额为 W3、W4（45.0～52.5mm）处理，施氮量为 N2、N3（179～248kg/hm²）的水氮组合对产量增长有益，当施氮量超过 N3 处理（248kg/hm²）时会抑制小麦产量。

4.1.6　水氮互作对春小麦水氮吸收利用效率的影响

表 4.7 和表 4.8 分别为 2016 年、2017 年不同水氮处理的水氮吸收利用效率。水氮吸收利用效率是分析研究水氮互作条件下小麦水氮高效利用的一项重要指标。

表 4.7　　　　　　　　2016 年水氮互作对水氮吸收利用效率的影响

处理	施氮量 /(kg/hm²)	植株含氮量 /(kg/hm²)	籽粒氮素积累量 /(kg/hm²)	氮素收获指数 /%	氮素吸收效率 /(kg/kg)	水分利用效率 /[kg/(hm²·mm)]	水分生产效率 /[kg/(hm²·mm)]
W1N1	110.34	92.8h	75.51i	81.37bc	0.84gh	18.57ab	16.93def
W2N1	110.34	147.19g	122.42h	83.17bc	1.33bcde	17.98ab	14.08ef
W3N1	110.34	180.15ef	155.46ef	86.29a	1.63a	19.15ab	14.02bcedf
W4N1	110.34	178.88e	150.42f	84.09bc	1.62ab	16.85ab	11.41cdef
W5N1	110.34	162.18fg	134.41g	82.88b	1.47abc	16.21ab	10.32cdef
W1N2	179.34	178.6ef	128.01gh	71.67cde	1.00fgh	14.3a	15.47f
W2N2	179.34	199.51de	158.29e	79.34cd	1.11defg	21.05b	19.63abc
W3N2	179.34	257.21b	202.16b	78.6cd	1.43abcd	20.91b	17.91abc
W4N2	179.34	251.42bc	179.89cd	71.55g	1.4abc	18.74ab	15.92ab
W5N2	179.34	235.72bc	176.22d	74.76efg	1.31bcde	19.65b	12.67abcde
W1N3	248.34	193.06cd	131.75g	68.24h	0.78h	17.81ab	19.76bcdef
W2N3	248.34	235.78bc	173.33cd	73.51fg	0.95fgh	18.15ab	17.85abcdef
W3N3	248.34	301.19a	227.19a	75.43fg	1.21cdef	21.11b	18.92a
W4N3	248.34	260.11bc	187.41c	72.05g	1.05efgh	20.23b	16.16ab
W5N3	248.34	247.53b	178.8d	72.23def	1.00fgh	18.09ab	12.74abcd

注　同列数值后不同小写字母表示各处理间差异显著 $P < 0.05$。

表 4.8　　　　　　　　2017 年水氮互作对水氮吸收利用效率的影响

处理	施氮量 /(kg/hm²)	植株含氮量 /(kg/hm²)	籽粒氮素积累量 /(kg/hm²)	氮素收获指数 /%	氮素吸收效率 /(kg/kg)	水分利用效率 /[kg/(hm²·mm)]	水分生产效率 /[kg/(hm²·mm)]
W1N0	0	56.42f	34.85f	0.62f	—	12.50c	10.01f
W3N0	0	84.88e	56.00e	0.66d	—	17.04ab	12.45bcd
W5N0	0	93.99d	69.61d	0.74c	—	15.35abc	8.81cde

处理	施氮量 /(kg/hm²)	植株含氮量 /(kg/hm²)	籽粒氮素积累量 /(kg/hm²)	氮素收获指数 /%	氮素吸收效率 /(kg/kg)	水分利用效率 /[kg/(hm²·mm)]	水分生产效率 /[kg/(hm²·mm)]
W1N2	179	101.25d	64.68d	0.64ef	0.57b	12.18c	11.45ef
W3N2	179	126.94b	107.85a	0.85a	0.71a	17.86ab	14.51ab
W5N2	179	123.34c	102.91ab	0.83a	0.69a	18.79a	12.36a
W1N4	317	117.92c	76.62c	0.65de	0.37d	14.48bc	12.96def
W3N4	317	135.12ab	102.91ab	0.76b	0.43c	19.24ab	14.37abc
W5N4	317	134.42a	94.87b	0.71c	0.42c	17.16ab	10.09abc

注 同列数值后不同小写字母表示各处理间差异显著 $P < 0.05$。

见表 4.7 和表 4.8，在 N0 施氮水平下，随着灌水量的增加，植株含氮量、籽粒氮素积累量、氮素收获指数、水分利用效率也都在增加。在相同施氮水平下（除 N0 处理外），两年的植株含氮量、籽粒氮素积累量、氮素收获指数、氮素吸收效率都随着灌水量的增加呈先增加而后减小的趋势，在 W3 处理下达到最大。在相同灌水水平下，随着施氮量的增加，两年的植株含氮量都在增加。2016 年在相同灌水水平下和 2017 年在 W1 灌水水平下，籽粒氮素积累量随着施氮量的增加而增加。2017 年在 W3、W5 灌水水平下，籽粒氮素积累量随着施氮量的增加呈先增加而后减小的趋势，在 N2 处理下达到最大。在一定程度上说明相同灌水水平下（W3、W5 处理），超过 N3 处理的施氮量会在一定程度上影响籽粒吸收氮素。2016 年在相同灌水水平下，氮素收获指数随着施氮量的增加而减小。2017 年氮素收获指数随着施氮量的增加呈先增加而后减小的趋势，两年氮素收获指数表明在 N0～N1 处理间，增加氮肥有利于小麦氮素向籽粒转移，当施氮量超过 N1 处理时，继续增加氮素不利于小麦氮素后期向籽粒转移。2016 年，在相同灌水水平下氮素吸收效率随着施氮量的增加呈现先增加而后减小。2017 年，在相同灌水水平下氮素吸收效率随着施氮量的增加而减小。两年的氮素吸收效率表明，在相同灌水水平下，N2 是最有利于提高氮素吸收效率的处理。两年的水分生产效率在相同施氮水平下（除 2017 年 N0 施氮水平外）表现为随着灌水量的增加整体减小的趋势。两年的水分生产效率在相同灌水水平下，随着施氮量的增加无明显规律。两年的水分利用效率在相同施氮水平下（除 2017 年 N2 施氮水平外）随着灌水量的增加整体呈先增加后减小的趋势。两年的水分利用效率在相同灌水水平下，随着施氮量的增加无明显变化规律。

4.1.7 小结

（1）水分和施氮量对小麦株高影响显著，灌水定额和施氮量少的处理都明显抑制了小麦株高的增长，影响了小麦的正常生长。经过两年数据分析在分蘖期—灌浆期小麦灌水定额为 45.0～60.0mm（W3～W5 处理），总施氮量为 179～248kg/hm^2 的水氮组合有利于小麦株高增长。

（2）在小麦生长后期（灌浆期—成熟期），氮素比水分对小麦干物质积累更为重要，适宜的氮素能促进小麦干物质积累，在灌水定额为 45.0mm，施氮量为 248kg/hm^2（W3N2 处理）的水氮组合上继续增加施氮量，或继续增加灌水量已经不能显著增加干物质。

（3）小麦氮素的吸收主要在前期，后期也吸收少量的氮素。其中拔节期—抽穗扬花期是小麦日吸收量的高峰期，日吸收量达 1.5～4.32kg/hm^2。在分蘖期增加施氮量有利于小麦植株含氮量吸收，在前期过低或过高的灌水量都不利于小麦植株含氮量的积累。在各灌水水平上，将施氮量从 N1 水平提高到 N2 水平，各生育期的植株含氮量均值增幅比将施氮量从 N2 水平提高到 N3 水平的植株含氮量均值增幅大。施氮量从 N1 水平提高到 N2 水平，在小麦分蘖期增施氮肥比拔节孕穗期—成熟期增施氮肥对小麦植株含氮量的影响大。在相同施氮水平下，各生育期的植株含氮量随着灌水量的增加呈先增加后减小的趋势，在 W3、W4 处理下达到最大。在 N1、N2 施氮水平下，W1 处理后期由于水分的缺乏抑制了小麦氮素积累。在 N1、N2、N3 施氮水平下，W3、W4 处理与 W1、W2 处理在各个生育期植株含氮量都分别差异显著。灌水定额为 45.0mm（W3 处理），施氮量为 179～248kg/hm^2（N2～N3 处理）的水氮组合对植株含氮量最有益，且在分蘖期增加施氮量有利于小麦植株含氮量吸收。

（4）施氮量为 N1 处理的千粒重、每穗粒数、有效穗数都小于其他施氮量的处理，氮肥是小麦增产的重要因素，缺少氮肥对产量影响很大。W1 处理也因水分的缺乏，与其他灌水处理的产量构成因素差异较大。W1N4 处理由于施入足量的氮对产量的增长起到了一定的促进的作用。综合两年数据，灌水定额为 45.0～52.5mm（W3～W4 处理），施氮量为 179～248kg/hm^2（N2～N3 处理）的水氮组合对产量构成各项因素最有益。

（5）灌水定额为 45.0～52.5mm（W3～W4 处理），施氮量为 179～248kg/hm^2（N2～N3 处理）的水氮组合对产量增长有益，当施氮量超过 248kg/hm^2（N3 处理）会抑制小麦产量。

（6）在相同施氮处理水平下（除 N0 处理外），两年的植株含氮量、籽粒含氮量、氮素收获指数、氮素吸收效率均为单峰曲线变化，其中在 W3 处理为峰值。两年试验的植株含氮量都在增加，但氮素吸收效率随着施氮量的增加而减小，在 N2 处理下达到最佳；施氮量在 N0～N1 处理之间，小麦氮素收获指数随着施氮量增加而增加，施氮量超过 N1 处理时，小麦氮素收获指数随着施氮量增加而降低；在 W3～W5 灌水水平下，超过 N3 处理的施肥量将会在一定程度上影响籽粒吸收氮素。本试验结果表明两年的水分利用效率在相同施氮水平下（除 2017 年 N2 施氮水平外）随着灌水量的增加整体呈先增加后减小的趋势，在 W2、W3 处理下达到最大。两年的水分利用效率在相同灌水水平下，随着施氮量的增加无明显规律。

4.2　水氮互作对滴灌小麦耗水特性的影响

气象因素、作物本身特性、土壤性质、农业技术措施等决定了作物需水量的大小及其变化规律，已有大量研究表明[244-245]。以往研究中对于滴灌条件下的小麦耗水规律研究相对较少，特别是对于水氮互作对小麦耗水量的影响研究更少[246]。

因此，本节在干旱区多砾石砂土条件下，研究不同水氮互作条件下对滴灌春小麦耗水特性的影响，以期为干旱区多砾石砂土条件下小麦灌溉制度的优化提供科学依据。

4.2.1　水氮互作对小麦不同生育阶段耗水量、耗水模数、日耗水量的影响

表 4.9 和表 4.10 分别为 2016 年、2017 年不同水氮处理的小麦不同生育阶段耗水量、耗水模数。不同水氮处理小麦各生育期的耗水模数都相近。从整体上看，两年的各生育阶段耗水量和耗水模数均表现为抽穗扬花期＝灌浆期＞拔节孕穗期＞成熟期＞分蘖期＞出苗期。小麦抽穗扬花期和灌浆期耗水模数相近且最大，都为 20％～28％。从两年试验结果表明，在出苗期，各处理的耗水量差异不大，2016 年在出苗期各处理耗水量为 38～51mm，2017 年在出苗期各处理耗水量在 22～38mm 之间波动。各处理的分蘖期和成熟期小麦耗水量相近，各处理的两个生育期耗水量之差在 2～18mm 之间波动。拔节孕穗期—灌浆期小麦的耗水量是整个生育期耗水量最大的时期，一方面因为小麦在此阶段需要充足水分生长发育；另一方面，由于气温回升，叶面积指数增大，太阳辐射量增加，使得小麦蒸发蒸腾量增加。其中，抽穗扬花期、灌浆期为耗水量关键期，2016 年小麦在此时期的耗水量在 52～78mm 之间波动；2017 年小麦在此时期的耗水量在 52～91mm 之间波动。

表 4.9　2016 年不同水氮处理的小麦不同生育阶段耗水量、耗水模数表

处理	出苗期		分蘖期		拔节孕穗期	
	CA/mm	CP/%	CA/mm	CP/%	CA/mm	CP/%
W1N1	38.38a	14.77a	29.21a	11.25a	43.74b	16.84a
W2N1	40.91a	15.14a	23.57a	8.72a	49.81ab	18.43a

续表

处理	出苗期		分蘖期		拔节孕穗期	
	CA/mm	CP/%	CA/mm	CP/%	CA/mm	CP/%
W3N1	39.64a	13.37a	34.98a	11.8a	52.15ab	17.58a
W4N1	40.36a	12.82a	36.89a	11.72a	54.97ab	17.47a
W5N1	47.82a	14.3a	37.36a	11.17a	48.06ab	14.37a
W1N2	45.43a	14.73a	45.43a	14.73a	54.48ab	17.66a
W2N2	39.54a	12.29a	38.61a	12.00a	55.64ab	17.29a
W3N2	42.92a	12.37a	43.03a	12.40a	60.86ab	17.54a
W4N2	43.59a	11.04a	48.77a	12.35a	67.37b	17.06a
W5N2	48.07a	14.19a	42.5a	12.55a	54.97ab	16.23a
W1N3	46.02a	14.55a	36.25a	11.47a	56.46ab	17.86a
W2N3	43.83a	12.92a	45.87a	13.52a	61.82ab	18.22a
W3N3	47.39a	13.06a	47.96a	13.21a	60.44ab	16.65a
W4N3	48.71a	13.11a	44.37a	11.94a	62.02ab	16.69a
W5N3	50.38a	13.62a	47.71a	12.90a	64.00ab	17.31a

处理	抽穗扬花期		灌浆期		成熟期	
	CA/mm	CP/%	CA/mm	CP/%	CA/mm	CP/%
W1N1	58.53de	22.53a	52.19e	20.09a	37.71e	14.52abc
W2N1	56.82e	21.03a	59.08de	21.86a	40.05cde	14.82abc
W3N1	68.39cde	23.06a	60.12cde	20.27a	41.28cde	13.92abc
W4N1	61.99bcde	19.70a	70.69bcd	22.46a	49.83cde	15.83abc
W5N1	86.75ab	25.94a	69.94bcd	20.91a	44.46de	13.30abc
W1N2	65.23bcd	21.15a	66.11cde	21.43a	31.76e	10.30c
W2N2	80.35abc	24.97a	67.88bcd	21.10a	39.72de	12.34bc
W3N2	69.03abc	19.89a	78.95ab	22.75a	52.25abc	15.06abc
W4N2	91.42a	23.16a	84.92a	21.51a	58.73abcd	14.88ab
W5N2	72.94bcde	21.54a	72.81bc	21.50a	47.40bcde	14.00abc
W1N3	65.59bcde	20.75a	68.53bc	21.67a	43.31cde	13.7abc
W2N3	72.51bcde	21.37a	70.77bcd	20.86a	44.49bcde	13.11abc
W3N3	78.74abc	21.69a	75.55ab	20.81a	52.9abc	14.57abc
W4N3	85.82abc	23.10a	73.55ab	19.80a	57.08ab	15.36abc
W5N3	77.83abc	21.05a	71.53ab	19.34a	58.35a	15.78a

注　CA、CP 分别代表耗水量、耗水模数。同列数值后不同小写字母表示各处理间差异显著（$P<$ 0.05）。

表 4.10　2017 年不同水氮处理的小麦不同生育阶段耗水量、耗水模数表

处理	出苗期		分蘖期		拔节孕穗期	
	CA/mm	CP/%	CA/mm	CP/%	CA/mm	CP/%
W1N0	26.17b	11.56abc	24.94b	11.01ab	36.12c	15.95a
W3N0	31.46a	11.45abc	26.90ab	9.79ab	47.46ab	17.28a
W5N0	38.41a	13.68a	27.14ab	9.66ab	46.20ab	16.45a
W1N2	25.21ab	9.65abc	30.06ab	11.51ab	46.85bc	17.93a
W3N2	29.37a	9.37bc	36.91a	11.78a	54.59ab	17.42a
W5N2	28.56a	8.94c	37.90a	11.87a	56.52a	17.70a
W1N4	22.65ab	8.98ab	20.68b	8.20b	42.03bc	16.67a
W3N4	27.99a	9.62abc	27.90ab	9.59ab	45.19abc	15.54a
W5N4	28.58a	9.76abc	31.48ab	10.75ab	48.63abc	16.61a

处理	抽穗扬花期		灌浆期		成熟期	
	CA/mm	CP/%	CA/mm	CP/%	CA/mm	CP/%
W1N0	55.66d	24.57c	53.39d	23.57a	30.20c	13.34a
W3N0	70.11abc	25.52bc	59.89abcd	21.80bc	38.91abc	14.16a
W5N0	68.63bc	24.44bc	63.82ab	22.73a	36.62bc	13.04a
W1N2	68.89bc	26.37abc	51.31cd	19.64c	38.93abc	14.90a
W3N2	78.43ab	25.03bc	69.08ab	22.05ab	44.91ab	14.34a
W5N2	74.83a	23.43bc	72.51a	22.71abc	49.00a	15.34a
W1N4	71.50c	28.35ab	56.40bcd	22.37abc	38.93bc	15.44a
W3N4	79.03abc	27.17s	68.13abc	23.42ab	42.62abc	14.65a
W5N4	73.20abc	25.01bc	65.13abcd	22.25bc	45.70abc	15.61a

注　CA、CP 分别代表阶段耗水量、阶段耗水模数。同列数值后不同小写字母表示各处理间差异显著（$P<0.05$）。

表 4.11 和表 4.12 为 2016 年与 2017 年不同水氮处理的日耗水量表，两年数据显示，各处理拔节孕穗期—灌浆期的日耗水量均高于其他生育阶段，两年日耗水量在 1.08~7.72mm 范围内波动。在施氮量为 0~110kg/hm²（N0~N1 处理）水平下，日耗水量随着灌水量的增加而增加。施氮量为 179.34~317kg/hm²（N2~N4 处理）水平下，2016 年不同灌水定额处理的日耗水量大小表现为 W4＞W3＝W5＞W2＞W1；2017 年不同灌水定额处理的日耗水量大小表现为 W3＝W5＞W1。2016 年数据表明在同一施氮水平下，W1 与 W2 处理的日耗水量无显著差异，W3 与 W4 处理的日耗水量无显著差异。两年的日耗水量表明，有同一施氮水平下，W3 与 W5 处理的日耗水量无显著差异。2016 年日耗水量数

据表明，在相同灌水处理下，N1 处理的日耗水量总是小于 N2、N3 处理。2017
年日耗水量数据表明，在相同灌水处理下，N0 处理的日耗水量总是小于 N2、
N4 处理。说明当氮肥相对较低时，对小麦日耗水量有一定的影响。

表 4.11　　　　　　　　　2016 年不同水氮处理的日耗水量表　　　　　　　单位：mm

处理	出苗期	分蘖期	拔节孕穗期	抽穗扬花期	灌浆期	成熟期
W1N1	1.74a	2.25b	3.64b	3.66c	4.74de	2.36cd
W2N1	1.81a	2.43ab	3.82ab	3.68bc	4.92ae	2.38d
W3N1	1.80a	2.69ab	4.35ab	4.27abc	5.47ade	2.58cd
W4N1	1.83a	2.84ab	4.58ab	4.37abc	6.24abcde	2.74bcd
W5N1	2.17a	2.87ab	4.01ab	5.42a	6.36abcde	2.78bcd
W1N2	1.75a	2.88ab	4.54ab	4.70abc	6.01bcde	2.30d
W2N2	1.80a	2.97ab	4.64ab	5.02ab	6.17abcde	2.48cd
W3N2	1.95a	3.31ab	4.95ab	4.94abc	6.72ab	3.08abc
W4N2	1.98a	3.75a	5.61a	5.71a	7.72a	3.67a
W5N2	2.19a	3.27ab	4.58ab	4.56abc	6.62abc	2.96bcd
W1N3	1.91a	2.79ab	4.7ab	4.35abc	6.23abcde	2.71bcd
W2N3	1.99a	3.53ab	5.15ab	4.53abc	6.43abc	2.78bcd
W3N3	2.15a	3.69ab	5.04ab	4.92abc	6.87abcd	3.31ab
W4N3	2.21a	3.8a	5.17ab	4.99abc	6.96ab	3.44ab
W5N3	2.29a	3.67ab	5.33a	4.86abc	6.50abc	3.65a

注　同列数值后不同小写字母表示各处理间差异显著 $P<0.05$。

表 4.12　　　　　　　　　2017 年不同水氮处理的日耗水量表　　　　　　　单位：mm

处理	出苗期	分蘖期	拔节孕穗期	抽穗扬花期	灌浆期	成熟期
W1N0	1.25b	2.27b	3.28d	3.98d	4.11cd	1.89c
W3N0	1.50a	2.45b	4.31abc	5.01bc	4.61abc	2.43abc
W5N0	1.83a	2.47ab	4.20abcd	4.90c	4.91a	2.29bc
W1N2	1.20ab	2.73ab	4.26bcd	4.92bc	3.95d	2.43abc
W3N2	1.40a	3.36a	4.96ab	5.60a	5.31a	2.81ab
W5N2	1.36a	3.45a	5.14a	5.34ab	5.58a	3.06a
W1N4	1.08a	1.88b	3.82cd	5.11c	4.34bcd	2.43bc
W3N4	1.33a	2.54ab	4.11bcd	5.65abc	5.24ab	2.66ab
W5N4	1.36a	2.86ab	4.42abc	5.23abc	5.01abc	2.86abc

注　同列数值后不同小写字母表示各处理间差异显著 $P<0.05$。

4.2.2　水氮互作对小麦总耗水量的影响

如图 4.4 所示，2016 年的 15 个处理的灌溉量为 285～525mm，耗水量为 259～369mm，灌水量大于耗水量。在相同施氮量的施氮水平下，灌水定额在 30.0～37.5mm 的耗水量总是小于其他处理。如图 4.5 所示，2017 年 9 个处理灌水量是 285～495mm，耗水量是 226～319mm，灌水量总是大于耗水量。2016 年数据表明，在 N1 处理的施氮水平下，各处理耗水量随着灌水量的增加而增加，W1N2 与 W2N2 处理的耗水量差异显著，W3N1 与 W4N1 处理的耗水量差异显著，W4N1 与 W5N1 处理的耗水量无显著差异。在 N2、N3 处理的施氮水平下，各处理的耗水量随着灌水量的增加呈先增加后减小的趋势。在 N2 处理的施氮水平下，W4N2 处理的耗水量最大，W4N2 与其他处理的耗水量差异显

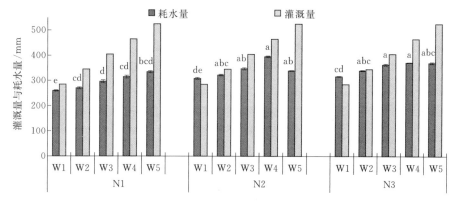

图 4.4　2016 年小麦灌溉量和耗水量

注　不同小写字母表示各处理间差异显著 $P<0.05$。

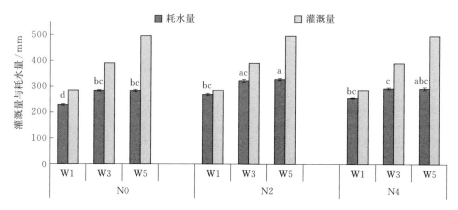

图 4.5　2017 年小麦灌溉量和耗水量

注　不同小写字母表示各处理间差异显著 $P<0.05$。

著，W1N2 与 W2N2 处理的耗水量差异显著，W3N2 处理与 W5N2 处理的耗水量无显著差异。在 N3 处理的施氮水平下，W3N3 处理的耗水量最大，W1N3 与 W2N3 处理的耗水量差异显著，W3N3、W4N3、W5N3 处理间的耗水量无显著差异。2017 年数据表明，在同一施氮水平下，小麦总耗水量随着灌水量的增加而增加，W3 处理与 W5 处理的总耗水量无显著差异，差幅为 1%～2%，W5 处理与 W1 处理的耗水量差幅较大，差幅达到 16%～24%。其中在施氮量 0～179kg/hm² （N0～N2 处理）的施氮水平下，W1 处理与 W5 处理的耗水量差异显著。

2016 年数据显示，相同灌水定额处理的小麦耗水量，除在灌水定额为 52.5mm （W4 处理）的灌水水平下，总耗水量表现为 N1＜N3＜N2，其他各灌水水平下，总耗水量表现为 N1＜N2＜N3。施氮量为 110kg/hm² （N1）的各处理与 W3N3、W4N3、W5N3 处理的耗水量差异显著，W3N2、W4N2、W5N2 处理与 W3N3、W4N3、W5N3 处理的耗水量无显著差异。2017 年数据显示，在同一灌水水平下，总耗水量表现为 N0＜N4＜N2。N2 处理与 N0 处理的总耗水量差幅为 14%～15%，N2 处理与 N4 处理的总耗水量差幅为 4%～9%。在 W1 灌水水平下，W1N0 与其他处理的耗水量差异显著，说明水分和施氮量同时都低的情况下，对小麦耗水量影响是显著的。在 W3、W5 处理的灌水水平下，不施氮肥（N0）的处理与 N2 处理的耗水量都差异显著。W3N2、W5N2 处理的总耗水量最大，除 W3N4、W5N4 处理的总耗水量与 W3N2、W5N2 无显著差异，其他处理都分别与 W3N2、W5N2 处理的总耗水量差异显著。

综合两年小麦总耗水量分析表明，灌溉量为 285～390mm （W1～W3 处理），增加灌水量能有效增加小麦耗水量。灌溉量大于 390mm （W3 处理），有很大部分水量因深层渗漏而损失。在相同灌水水平下，当施氮量为 0～248.34kg/hm² （N0～N3 处理）增加施氮量可以促进小麦水分的消耗，当施氮量为 179.34～248.34kg/hm² （N2～N3 处理）增加施氮量能有效促进小麦水分的消耗，当施氮量超过 248.34kg/hm² （N3 处理），再增加施氮量对小麦水分消耗无显著影响甚至抑制水分的消耗。

4.2.3　小结

（1）不同水氮处理小麦各生育期的耗水模数都相近，且两年试验数据从整体上来看，各生育期内耗水量和耗水模数都表现为抽穗扬花期＝灌浆期＞拔节孕穗期＞成熟期＞分蘖期＞出苗期。在出苗期，各处理的耗水量差异不大；孕穗期—灌浆期为整个生育期耗水量最大的时期。两年的日耗水量表明 W3 处理与 W5 处理无显著差异。两年日耗水量在 1.08～7.72mm 范围内波动。当氮肥相对较低时，对小麦日耗水量有一定的影响。

（2）2016 年的 15 个处理的灌水量为 285～525mm，耗水量为 259～369mm，2017 年的 9 个处理灌水量为 285～495mm，耗水量为 226～319mm，灌水量都大于耗水量。在相同施氮水平下，灌水定额为 30.0～37.5mm 处理的耗水量总是小于其他处理。水分和施氮量同时都低的情况下，对小麦耗水量影响是显著的。灌水量为 285～390mm（W1～W3 处理），增加灌水量能有效增加小麦耗水量，灌水量大于 390mm（W3 处理），有很大部分水量因深层渗漏而损失。在相同灌水水平下，当施氮量在 0～248.34kg/hm^2（N0～N3 处理）范围内增加施氮量会促进小麦水分的消耗，当施氮量在 179.34～248.34kg/hm^2（N2～N3 处理）范围内增加施氮量能有效促进小麦水分的消耗，当施氮量超过 248.34kg/hm^2（N3 处理），再增加施氮量对小麦水分消耗无显著影响甚至抑制水分的消耗。

4.3　水氮互作对土壤剖面氮素吸收利用效率的影响

农业生产中水分和养分是作物生长发育过程中重要的两个因素，同时也是人类容易调节控制的两个因素。只有合理的灌水与施肥才能更好地保证作物增产优质，更好地实现水肥资源高效利用[247]。于飞等研究表明，近十年来我国的氮肥利用率平均为 34.3%[248]。闫湘等[249]对全国 165 个田间试验统计得出，中国主要粮食作物的氮肥当季利用率为 8.9%～78.0%，平均为 28.7%。大部分氮素以不同途径损失。旱地农田中无机氮的存在形态主要是硝态氮，土壤胶体不易吸附硝态氮，因此作物如果不能及时吸收利用累积在土壤中的硝态氮，在灌水或者降雨的作用下就会脱离根区向下运移，淋洗到地下水造成硝酸盐的污染，或造成湖泊的富营养化[249]。土壤中硝态氮的运移、氮素平衡以及作物对氮肥的利用都会受到灌水、施氮以及两者之间相互作用的影响。研究表明，当施氮量超过最佳施氮量，会使收获后土壤硝态氮含量增加。施氮量即使低于最佳施氮量的时候也会因为受到灌水量的影响而发生硝态氮的淋溶[250]。李世清、Pant H K 等[251-252]在玉米上的研究发现，水和氮的投入量对土壤剖面中硝态氮在不同深度土层分布及残留量有很大影响。当施氮量超过正常水平，随施氮量的增加，土壤硝态氮的含量会呈线性增长，且作物吸收氮素也会受到抑制，作物产量的增长会停止甚至出现下降的趋势。因此，如何合理灌水施肥，提高水氮利用吸收效率，减少氮肥淋洗，降低其对环境的污染，是一个亟待解决的问题。

在干旱半干旱地区，以往关于灌水和施氮对作物生长和产量，以及对土体中硝态氮的迁移、积累和淋溶影响的研究较多[253-255]，但水氮互作对土壤硝态氮积累分布、土壤氮肥损失及氮肥利用的综合性研究较少。因此本章在干旱区多砾石砂土条件下，研究不同水氮互作条件下土壤硝态氮累积运移、氮素平衡和氮肥利用，为干旱区多砾石砂土条件下小麦氮肥运筹和灌溉制度的优化提供科学依据。

4.3.1　水氮互作对 0～100cm 土层土壤硝态氮的影响

如图 4.6 所示，各处理在各生育期的硝态氮含量整体都随着土层深度增加呈现减小趋势。各处理在各生育期的土壤硝态氮含量的最大值均出现在 0～20cm 土层处。除在抽穗扬花期 W4N2 处理在 60cm 土层处的硝态氮含量略大于 W4N3 处理外，其他处理在小麦分蘖期—抽穗扬花期，在 0～60cm 土层处的硝态氮含量都表现为 N3＞N2＞N1。W1、W2 处理在小麦分蘖期—抽穗扬花期，在 80～100cm 土层处的硝态氮含量表现为 N3＞N2＞N1，其他各处理在全生育期 80～100cm 土层处的硝态氮含量无明显规律。在分蘖期、拔节期连续施了两

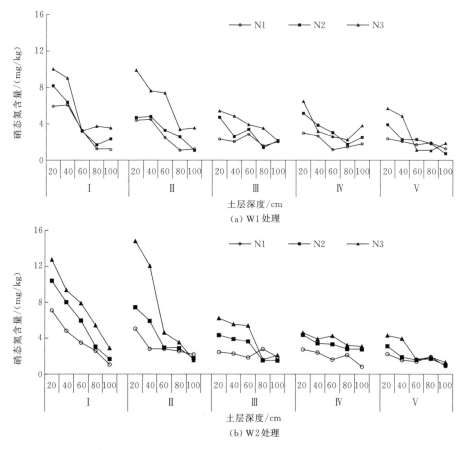

图 4.6（一）　不同水氮处理下小麦各生育期土壤剖面硝态氮含量分布

Ⅰ—分蘖期；Ⅱ—拔节孕穗期；Ⅲ—抽穗扬花期；Ⅳ—灌浆期；Ⅴ—成熟期

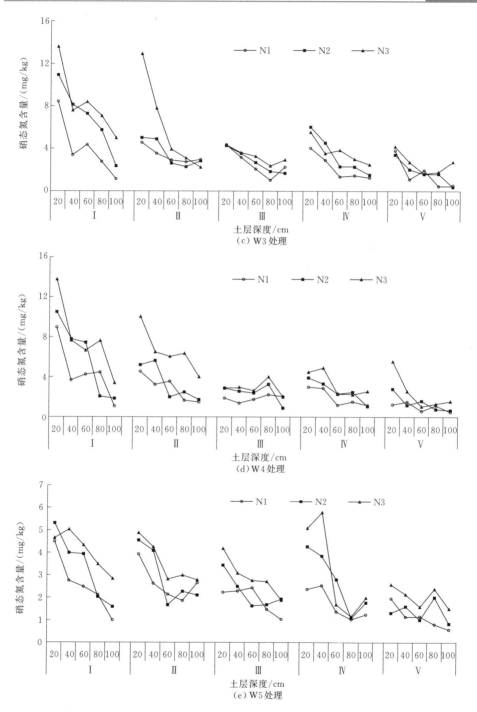

图 4.6（二）　不同水氮处理下小麦各生育期土壤剖面硝态氮含量分布

Ⅰ—分蘖期；Ⅱ—拔节孕穗期；Ⅲ—抽穗扬花期；Ⅳ—灌浆期；Ⅴ—成熟期

次肥，且灌水次数相对较少使得土壤硝态氮呈现一定规律，而后随着多次灌水、水氮运移、气温、土壤温度等复杂条件的变化，使得在灌浆期至成熟期土壤硝态氮无明显规律。

各处理在 0~60cm 土层处的土壤硝态氮含量随着生育期的推进，变化幅度较大，60~100cm 土层处的土壤硝态氮变化幅度小。在 0~60cm 土层处，从分蘖期—抽穗扬花期，在相同灌水量 W1 处理下各施氮处理的土壤硝态氮含量在 2.40~10.00mg/kg 波动，均值为 5.04mg/kg，在灌浆期—成熟期在 1.09~6.46mg/kg 波动，均值为 3.17mg/kg；在相同灌水量 W2 处理下，各施氮处理的土壤硝态氮含量在 1.80~15.00mg/kg 波动，均值为 6.09mg/kg，在灌浆期—成熟期的土壤硝态氮含量在 0.99~4.60mg/kg 波动，均值为 2.90mg/kg；在相同灌水量 W3 处理下，各施氮处理的土壤下硝态氮含量在 1.60~10.94mg/kg 波动，均值为 5.62mg/kg；在灌浆期—成熟期的土壤硝态氮含量在 0.30~5.50mg/kg 波动，均值为 3.15mg/kg；在相同灌水量 W4 处理下，各施氮处理的土壤硝态氮含量在 0.88~13.00mg/kg 波动，均值为 5.14mg/kg，在灌浆期—成熟期的土壤硝态氮含量在 0.59~4.89mg/kg 波动，均值为 2.57mg/kg；在相同灌水量 W5 处理下，各施氮处理的土壤硝态氮含量在 1.034~5.03mg/kg 波动，均值为 3.42mg/kg，在灌浆期—成熟期的土壤硝态氮含量在 0.81~6.08mg/kg 波动，均值为 2.45mg/kg。以上分析可以看出，各处理的土壤硝态氮含量在分蘖期—抽穗扬花期远高于灌浆期—成熟期，W5 处理水平下各施氮处理的土壤硝态氮含量在 0~60cm 土层处的变化幅度相对其他处理较小，且土壤硝态氮含量也相对其他处理低。在分蘖期，各处理在 80cm 土层与 100cm 土层处的土壤硝态氮含量变幅在 0.09~4.23mg/kg 波动，平均变幅 1.56mg/kg。在拔节期，各处理在 80cm 土层与 100cm 土层处的土壤硝态氮含量变幅在 0.14~1.12mg/kg 波动，平均变幅 0.75mg/kg。在抽穗扬花期，各处理在 80cm 土层与 100cm 土层处的土壤硝态氮含量变幅在 0.19~2.02mg/kg 波动，平均变幅 0.8mg/kg。在灌浆期，各处理在 80cm 土层与 100cm 土层处的土壤硝态氮含量变幅在 0.04~1.56mg/kg 波动，平均变幅 0.62mg/kg。在成熟期，各处理在 80cm 土层与 100cm 土层处的土壤硝态氮含量变幅在 0.08~1.23mg/kg 波动，平均变幅 0.69mg/kg。从上述分析可知，在分蘖期—抽穗扬花期，80~100cm 土层处的土壤硝态氮含量比灌浆期—成熟期的土壤硝态氮含量大，且变幅也较灌浆期—成熟期大。

在分蘖期，0~20cm 土层处的各处理差异差幅较大，在相同施氮水平下，土壤硝态氮含量表现为 W3=W4>W2>W1>W5，在拔节期，土壤硝态氮含量表现为 W2>W3=W4>W1>W5。在分蘖期和拔节期，在 20~60cm 土层处，W5 处理的土壤硝态氮含量远远小于其他处理，在分蘖期，其他处理比 W5 处理的土壤硝态氮含量平均高 62%，在拔节期，其他处理比 W5 处理高 59.76%。在抽穗扬花期—成熟期，在相同施氮水平下，在 0～60cm 土层处，W4、W5 处理的土壤硝态氮含量小于其他处理；在抽穗扬花期，其他处理的土壤硝态氮含量高于 W4、W5 处理，约 3%～132%（平均差幅 44%）；在灌浆期，其他处理的土壤硝态氮含量高于 W4、W5 处理，约 0.1%～86%（平均差幅 14.89%）；在成熟期，其他处理的土壤硝态氮含量高于 W4、W5 处理，约 0.1%～229%（平均差幅 58.65%）。

4.3.2　水氮互作对土壤氮平衡的影响

见表 4.13，土壤矿化量随着灌水量的增加而增加，说明当土壤水分过低会影响土壤矿化量，增加灌水量有助于提高土壤矿化量。小麦全生育期土壤矿化量与播前残留氮量之和为 62.38～97.4kg/hm²，表明土壤自身供氮量就可以满足该产量水平下作物对氮素的需求，这也进一步解释了增施氮不增产的原因[19]。小麦收获后氮平衡计算结果表明，在 N2 处理水平下表观损失在 116.36～125.79kg/hm²，在 N4 处理水平下表观损失在 232.21～246.37kg/hm²。N2 处理的表观损失与 N4 处理的表观损失差异显著，且 W3N2 处理与 W5N2 处理的表观损失无显著差异，施氮量为 N4 的各处理之间表观损失无显著差异。

表 4.13　2017 年不同水氮处理小麦 0～60cm 剖面土壤氮素平衡　　单位：kg/hm²

处理	施氮量	起始 N	矿化量	总输入	作物携出	N 残留	表观损失	剖面损失
W1N0	0	18.7	50.34	69.04	56.42f	12.62c	0	6.08
W3N0	0	11.05	76.94	87.99	84.88e	3.11d	0	7.94
W5N0	0	20.5	76.69	97.19	93.99d	3.21d	0	17.3
W1N2	179	12.24	50.34	241.58	101.25d	23.97b	116.36b	−11.73
W3N2	179	13.16	76.94	269.1	126.94b	25.42b	116.74a	−12.26
W5N2	179	20.71	76.69	276.4	123.34c	27.27ab	125.79ab	−6.57
W1N4	317	12.04	50.34	379.37	117.92c	29.25a	232.21c	−17.21
W3N4	317	8.47	76.94	402.41	135.12ab	24.23b	243.06c	−15.76
W5N4	317	15.16	76.69	408.85	134.42a	28.07a	246.37c	−12.91

注　同列数值后不同小写字母表示处理间差异显著（$P<0.05$）。

各灌水处理下，不施氮（N0）处理土壤剖面中硝态氮的淋失量（初始土体硝态氮积累量和土体残留硝态氮）最大。除 N0 施氮水平的各处理剖面损失量为正值，即淋失量最大，其他处理为负值，即在 0～60cm 土层处有硝态氮积累量。在相同 N2、N4 施氮处理下，各处理的剖面损失量随着灌水量的增加而增大，即土壤硝态氮积累量减小。在相同灌水处理下，各处理的剖面损失量随着施氮

量的增加而减小，即土壤硝态氮积累量增加，此试验结果与栗丽等的研究结果
一致[250]。

氮肥农学利用效率的分析表明（表4.14），在N2施氮水平下，随着灌水量
的增加，氮肥农学利用效率也在增加，即增加灌水量，有助于提高氮肥的增产
效益。在N4施氮水平下，随着灌水量的增加，氮肥农学利用效率在减小。即在
此施氮水平下增加灌水量将降低氮肥的增产效益。在W1灌水水平下，随着施
氮量的增加，氮肥农学利用效率也在增加，即在此灌水水平下增加施氮量有助
于提高氮肥的增产效益。在大于W1处理的灌水水平下，随着施氮量的增加，
氮肥农学利用效率在减小，即在大于W1处理的灌水水平下增加施氮量，将会
降低氮肥的增产效益。

表4.14　　　　　　　　2017年度水氮互作对氮吸收利用效率的影响

处理	W1N2	W3N2	W5N2	W1N4	W3N4	W5N4
氮肥利用效率/%	25.04	23.50	16.00	19.40	15.85	12.75
氮肥表观残留率/%	6.34	12.46	13.44	5.25	6.66	7.84
氮肥表观损失/%	68.62	64.04	70.56	75.35	77.49	79.40
土壤氮素贡献率/%	64.09	76.89	87.63	55.03	72.24	80.41
氮肥农学利用效率/(kg/kg)	2.30	4.50	9.80	2.65	2.36	1.99

2017年数据表明，在同一施氮水平下，土壤氮素贡献率随着灌水量的增加
而增加，氮素利用率随着灌水量的增加而减小；在同一灌水水平下，随着施氮
量的增加，土壤氮素贡献率、氮素利用率降低。分析表明，增加灌水量有助于
作物从土壤中吸收氮素，降低从肥料中吸收的氮素。增加施肥量在一定程度上
抑制作物从土壤和肥料中吸收氮素。

在相同施氮水平下，氮肥利用效率随着灌水量的增加而减小，氮肥表观损
失和氮肥表现残留率随着灌水量的增加而增加；在相同灌水水平下，随着施氮
量的增加，氮肥表观损失增加，氮肥利用效率、氮肥表观残留率减小。各处理
的氮肥表观损失率远远高于氮肥利用效率和氮肥表观残留率。说明在此土壤条
件下，损失的氮肥占施氮量的很大部分。

4.3.3　小结

（1）关于施氮量和土壤水分对不同土层硝态氮的影响，前人分别已做了大
量研究。其中关于施氮量对各土层土壤硝态氮的影响，结论基本一致，即随着
施氮量的增加，各土层硝态氮含量显著增加。关于土壤水分对于硝态氮运移影
响，前人研究结论不尽一致。有研究表明，土壤硝态氮的淋失与土壤水分有关，
当灌水量或降水量越多，硝态氮淋失就越多；但也有研究表明，在作物生长过

程中，即使灌水量较大，硝态氮淋失也并不是很多[256-257]。本书研究表明，在0～100cm土层，各处理在各生育期的土壤硝态氮含量整体都随着土壤深度的增加呈现减小趋势，表现出"上高下低"的趋势，与前人研究结果一致[258-259]。各处理在各生育期的土壤硝态氮含量的最大值均出现在0～20cm土层处。在0～60cm土层处，土壤硝态氮含量表现为N3＞N2＞N1，在80～100cm土层处，各处理的土壤硝态氮各生育期波动幅度差异不大，与前人研究一致。在相同施氮水平下，在抽穗扬花期—成熟期，灌水量大于390mm的各处理的土壤硝态氮含量要远小于其他处理。且根据两年小麦耗水规律研究，当灌水量为285～390mm，增加灌水量能有效增加小麦耗水量，当灌水量大于390mm（W3处理）时，有很大部分水量因深层渗漏而损失。土壤胶体不易吸附硝态氮，因此作物如果不能及时吸收利用，累积在土壤中的硝态氮会在灌水或者降雨的作用下就会脱离根区向下运移。经分析表明在干旱区多砾石砂土的环境下，当灌水量大于390mm（W3处理）时，对于土壤硝态氮含量是有显著影响的，且大量硝态氮随着水分的渗漏而淋失。

（2）本试验两年均灌水9次，土壤保水保肥性差，故各处理都有大量硝态氮由于灌水而淋失，根据各处理的表观损失表明，硝态氮的表观损失随着灌水量的增加而增大，在相同施氮水平下，各处理之间的硝态氮表观损失差异不大，但在相同灌水水平下，N2处理与N4处理的表观损失差异明显，施氮量为N4处理的表观损失是N2处理的两倍。如表4.14所列，在相同施氮水平下，氮肥利用效率随着灌水量的增加而减小，氮肥表观损失和氮肥表观残留率随着灌水量的增加而增加；在相同灌水水平下，随着施氮量的增加，氮肥表观损失增加，氮肥利用效率、氮肥表观残留率减小。各处理的氮肥表观损失率远远高于氮肥利用效率和氮肥表观残留率。说明在此土壤条件下，损失的氮肥占施氮量的大部分。上述分析表明，灌水量对于0～60cm土层处的土壤硝态氮的表观损失的影响是显著的，氮素损失中淋溶是主要途径，大量硝态氮随水分渗漏被淋洗至60cm土层及更深的土壤中，且随着施氮量的增加硝态氮淋溶更为严重。且本试验中的表观损失量远大于其他研究中[260-263]同等施氮水平下的表观损失量，也印证了习金根[264]、Wang F L等[101]的试验结果，即土壤性质轻薄、砂性土的土壤硝态氮更容易淋溶的观点。

4.4　结　　论

4.4.1　水氮互作对滴灌小麦生长、产量、水氮吸收利用效率的影响

（1）小麦灌水定额为45.0～60.0mm（W3～W5处理），总施氮量为179～

248kg/hm^2（N2～N3 处理）的水氮组合有利于小麦株高增长。灌水定额为45.0mm，施氮量为 248kg/hm^2（W3N2 处理）的水氮组合为小麦干物质积累最佳处理，在此处理上继续增加施氮量，或继续增加灌水量已经不能显著增加干物质积累。

（2）小麦氮素的吸收主要在前期，后期也吸收少量的氮素。其中拔节期—抽穗扬花期是小麦日吸收量的高峰期，日吸收量达 1.5 ～4.32kg/hm^2。在分蘖期增加施氮量有利于小麦植株含氮量吸收。在前期过低过高的灌水量都不利于小麦植株含氮量的积累。在各灌水水平上，将施氮量从 N1 水平提高到 N2 水平，各生育期的植株含氮量均值增幅比将施氮量从 N2 水平提高到 N3 水平的植株含氮量均值增幅大。施氮量从 N1 水平提高到 N2 水平，在小麦分蘖期增施氮肥比拔节孕穗期—成熟期增施氮肥对小麦植株含氮量的影响大。在相同施氮水平下，各生育期的植株含氮量随着灌水量的增加呈先增加后减小的趋势，在W3、W4 处理下达到最大。灌水定额为 45.0mm（W3 处理），总施氮量为110～179kg/hm^2 的水氮组合有利于小麦植株氮素吸收。

（3）施氮量为 110kg/hm^2（N1 处理）的千粒重、每穗粒数、有效穗数都小于其他处理，氮元素是小麦增产的重要因素，缺少氮元素对产量影响很大。W1处理也因水分的缺乏，与其他灌水处理的产量构成因素差异较大。灌水定额为30mm，施氮量为 317kg/hm^2（W1N4 处理）由于施入足量的氮对产量的增长起到了一定的促进作用。当施氮量超过 248kg/hm^2（N3 处理）再增加施氮量，籽粒产量增加不显著，甚至有降低趋势，且影响籽粒吸收氮素。综合两年数据分析表明，灌水定额为 45.0～52.5mm（W3～W4 处理），施氮量为 179～248kg/hm^2（N2～N3 处理）的水氮组合对产量构成各项因素及产量最有益。

（4）在相同施氮处理水平下（除 N0 处理外），两年的植株含氮量、籽粒含氮量、氮素收获指数、氮素吸收效率都随着灌水量的增加呈先增加后减小的趋势，在 W3 处理下达到最大。两年试验的植株含氮量都在增加，但氮素吸收效率随着施氮量的增加而减小，在 N2 处理下达到最佳；施氮量为 N0～N1 处理，小麦氮素收获指数随着施氮量增加而增加，超过 N1 处理，小麦氮素收获指数随着施氮量增加而降低；在 W3～W5 灌水水平下，超过 N3 处理的施肥量将在一定程度上影响籽粒吸收氮素。本试验结果表明两年的水分利用效率在相同施氮水平下（除 2017 年的 N2 处理）随着灌水量的增加整体呈先增加后减小的趋势，在 W2、W3 处理下达到最大。两年的水分利用效率在相同灌水水平下，随着施氮量的增加无明显规律。

4.4.2 水氮互作对滴灌小麦耗水特性的影响

（1）不同水氮处理的小麦各生育期的耗水量和耗水模数都相近，且从整体上来看，两年中各生育期内耗水量和耗水模数都表现为抽穗扬花期＝灌浆期＞拔节孕穗期＞分蘖期＝成熟期＞出苗期。在出苗期，各处理的耗水量差异不大；拔节孕穗期—灌浆期为整个生育期耗水量最大的时期，两年日耗水量在 3.28～7.71mm 范围内波动。当氮肥相对较低时，对小麦日耗水量有一定的影响。

（2）2016 年的 15 个处理的灌水量为 285～525mm，耗水量为 259～369mm，2017 年 9 个处理灌水量为 285～495mm，耗水量为 226～319mm，灌水量大于耗水量。在相同施氮水平下，灌水定额为 30.0～37.5mm 的耗水量总是小于其他处理。水分和施氮量同时都低的情况下，对小麦耗水量影响是显著的。灌水量为 285～390mm（W1～W3 处理），增加灌水量能有效增加小麦耗水量，灌水量大于 390mm（W3 处理），有很大部分水量因深层渗漏而损失。在相同灌水水平下，当施氮量在 0～248.34kg/hm² （N0～N3 处理）范围内增加施氮量会促进小麦水分的消耗，当施氮量在 179.34～248.34kg/hm² （N2～N3 处理）范围内增加施氮量能有效促进小麦水分的消耗，当施氮量超过 248.34kg/hm² （N3 处理），再增加施氮量对小麦水分消耗无显著影响甚至抑制水分的消耗。

4.4.3 水氮互作对土壤剖面硝态氮含量动态变化、氮平衡、氮素吸收利用效率的影响

（1）在 0～100cm 土层，各处理在各生育期的硝态氮含量整体都随着土壤深度的增加呈减小趋势，表现出"上高下低"的趋势。各处理在各生育期的土壤硝态氮含量的最大值均出现在 0～20cm 土层处。在 0～60cm 土层，土壤硝态氮含量表现为 N3＞N2＞N1，在 80～100cm 土层处，各处理的土壤硝态氮各生育期波动幅度差异不大。在相同施氮水平下，在抽穗扬花期—成熟期，灌水量大于 390mm 的各处理的土壤硝态氮含量要远小于其他处理。且根据两年小麦耗水规律研究，当灌水量为 285～390mm，增加灌水量能有效增加小麦耗水量，当灌水量大于 390mm（W3 处理）时，有很大部分水量因深层渗漏而损失。硝态氮不易被土壤胶体所吸附，累积在土壤中的氮素如不能被作物及时吸收利用，在灌水或者降雨的作用下便会向下移动逐渐脱离根区。经分析表明在阿勒泰地区的土壤环境下，当灌水量大于 390mm（W3 处理）时，对于土壤硝态氮含量有显著影响，且大量硝态氮随着水分的渗漏而淋失。

（2）本试验两年均灌水 9 次，土壤保水保肥性差，故各处理都有大量硝态氮由于灌水而淋失。各处理的表观损失表明，硝态氮的表观损失随着灌水量的增加而增大，在相同施氮水平下，各处理之间的硝态氮表观损失差异不大，但在相同灌水水平下，N2 处理与 N4 处理的表观损失差异明显，施氮量为 N4 处理的表观损失是 N2 处理的两倍。在相同施氮水平下，氮肥利用效率随着灌水量的增加而减小，氮肥表观损失和氮肥表观残留率随着灌水量的增加而增加；在

相同灌水水平下，随着施氮量的增加，氮肥表观损失增加，氮肥利用效率、氮肥表观残留率减小。各处理的氮肥表观损失率远远高于氮肥利用效率和氮肥表观残留率。说明在此土壤条件下，损失的氮肥占施氮量的大部分。灌水量对于0～60cm土层土壤硝态氮的表观损失的影响是显著的，氮素损失中淋溶是主要途径，大量硝态氮随水分渗漏被淋洗至60cm土层及更深的土壤中，且随着施氮量的增加硝态氮淋溶更为严重。

（3）施肥量为179～248kg/hm^2（N2～N3处理），灌水定额为40mm，灌溉定额为390～405mm（W3处理）的水氮组合是在干旱区多砾石砂土条件下的最佳水肥组合。当施氮量超过248kg/hm^2（N3处理）再增加施氮量，籽粒产量增加不显著，甚至有降低趋势，且影响籽粒吸收氮素。当灌水量大于390mm（W3），有很大部分水量因深层渗漏而损失。对于土壤硝态氮含量影响也是显著的，大量硝态氮随着水分的渗漏而淋溶。

第5章 多砾石砂土膜下滴灌打瓜水氮高效利用研究

5.1 不同灌水定额及水氮互作对打瓜生长指标的影响

目前对打瓜的研究主要集中在打瓜种植及采摘机械、栽培技术、生理特性方面[265-266]，在打瓜生长指标方面，有同种灌溉模式不同密度种植对打瓜生长指标影响的研究，同种灌溉方式下研究不同打瓜品种间生长指标差异研究，且以漫灌为主。有学者以前人种植经验为依据，论述了膜下滴灌下打瓜种植注意事项、田间管理工作的具体实施、病虫害防治措施，并总结出打瓜高产灌溉制度[267-268]。而在膜下滴灌条件下，不同灌水定额及水氮耦合对打瓜生长指标及干物质的影响研究较为鲜见，且在研究中，试验方案的建立必须以本地实际农业生产环境为基础，故研究结果具有一定的区域性[269-270]。

本节在两年打瓜田间膜下滴灌试验的基础上，研究不同灌水定额及水氮互作对打瓜生长指标及干物质的影响，为同类研究提供理论支持。

5.1.1 不同灌水定额及水氮互作对打瓜主蔓长的影响

主蔓长是打瓜生长重要表征之一，它客观反映打瓜植株生命力[271]。在整个生育期，不同灌水定额及水氮互作对主蔓长影响趋势类似，各处理打瓜主蔓长表现为"快速增长—缓慢增长—稳定"的态势。

在不同生育阶段，不同灌水定额对主蔓长影响不同（表5.1）。苗期—伸蔓现蕾期，各灌水定额下打瓜主蔓长处于快速增长阶段，其中W5处理打瓜主蔓长势最快，增长量为苗期的6.16倍，W4处理打瓜主蔓长势次之，增长量占总比（增长量与生育期内主蔓最长量的比值，以下同）最大，为67%，W1、W2处理主蔓长势相近且最小；伸蔓现蕾期—开花坐果期，主蔓开始缓慢增长，各处理增长量占总比比苗期—伸蔓现蕾期分别降低34%、40%、29%、45%、36%，W5处理主蔓比W1、W2、W3、W4处理分别高51%、46%、37%、20%，W5处理主蔓长与其他处理差异显著；开花坐果期—果实膨大期，W3、W4、W5处理主蔓开始出现负增长现象，W1处理和W2处理主蔓长略有增长；果实膨大期—成熟期，各处理下打瓜主蔓长略表现出缩减状态，出现负增长，其中 W5 处理主蔓最长，负增长率最大，为 11%。可见，在苗期—开花坐果期灌水对主蔓长的影响最大，开花坐果期—成熟期灌水对主蔓增长的贡献逐渐减小，甚至没有贡献。在整个生育期内，W5 处理的主蔓长始终较其他处理长，主蔓长表现为 W5>W4>W3>W2>W1，说明调节灌水定额的大小可以在一定程度上控制打瓜主蔓长势和长度。

表 5.1　　　　　　　　　　　打瓜各生育阶段主蔓增长表　　　　　　　　　　单位：cm

年份	处理	苗期	伸蔓现蕾期	开花坐果期	果实膨大期	成熟期
2016	W1	13.50±0.28b	88.00±3.90c	121.00±1.73b	121.00±1.64b	112.00±1.44c
	W2	12.72±0.92b	90.88±0.71c	119.17±6.69b	126.00±5.77b	118.33±2.88bc
	W3	15.43±0.09ab	96.75±3.02bc	138.50±10.23ab	136.00±2.66b	118.00±4.04bc
	W4	15.50±0.10ab	110.50±5.02b	142.00±10.40ab	139.00±7.97b	126.67±6.49b
	W5	18.57±1.10a	133.00±6.31a	182.17±12.33a	178.00±9.85a	158.00±4.91a
2017	W1N1	10.78±0.48b	72.89±4.45ab	105.44±3.23c	122.00±7.84d	113.94±10.18b
	W1N2	12.56±1.02b	92.22±3.83ab	120.67±7.47abc	146.33±10.27ab	147.78±9.10ab
	W1N3	12.22±1.71b	90.22±6.36ab	123.44±8.06ab	169.33±12.25ab	152.78±12.98ab
	W3N1	11.44±0.40b	69.56±3.71b	112.33±9.11bc	142.33±11.32bcd	136.33±11.49ab
	W3N2	12.00±0.77b	89.67±2.21ab	121.44±10.04bc	164.11±8.58bc	170.17±12.15ab
	W3N3	14.78±1.64a	99.11±5.58a	161.67±11.27a	212.56±4.12a	189.00±12.03a
	W5N1	11.67±0.51b	79.22±4.12ab	108.67±11.56bc	126.00±12.52cd	121.22±7.20b
	W5N2	12.00±0.99b	90.67±4.98ab	128.89±12.99c	181.89±9.21bcd	195.00±11.72b
	W5N3	13.33±1.47b	93.44±5.23ab	155.33±11.72bc	189.00±10.31abc	179.22±11.47ab

注　同列不同小写字母代表差异达到显著水平（$P<0.05$），数值后"±"号表示平均数加减标准差。

不同水氮处理对打瓜主蔓长影响不同（表 5.1），在苗期—开花坐果期，各处理下主蔓长快速增长；W1N1、W3N3、W5N1 和 W5N3 处理主蔓长增量均占成熟期主蔓长的 80%，W3N2 和 W5N2 处理主蔓长增量占成熟期总蔓长的 62% 左右。在开花坐果期，W3N3 和 W5N3 处理主蔓长最长，均在 158cm 左右。W1N1 处理主蔓长最短，约为 114cm；在开花坐果期—果实膨大期，各处理下主蔓长增长速度减缓。W1N1、W1N2 和 W5N1 处理主蔓增长量占总比最小，均为 16% 左右。W3N2、W3N3 和 W5N2 处理主蔓增长量占总比较大，均在 26% 左右。其中 W3N3 处理主蔓最长，W1N1 处理主蔓最短。在果实膨大期—成熟期，各处理主蔓停止生长。在整个生育期中，W3N3 处理主蔓长始终最长，W1N1 处理最短，两处理主蔓长差值占 W1N1 处理的 71%。由表 5.1 可以看出，主蔓长表现为 W3N3＞W3N2＞W3N1，W5N3＞W5N2＞W5N1，W3N3≈W5N3＞W1N3。综上所述，与其他生育阶段相比，在苗期—开花坐果期，各水氮处理促进主蔓增长的作用较强；适当的灌水定额和施氮量（W3N3 和 W5N2处理）有效促进打瓜主蔓增长，高水高肥促进主蔓增长的能力减弱。且在定灌水定额（或定施氮量）下，主蔓随着施氮量（或灌水定额）增加而增长。

由两年主蔓长数据分析可得，灌水定额为 45.0～60.0mm，总施氮量为138～276kg/hm² 有利于打瓜主蔓增长。

5.1.2　不同灌水定额及水氮互作对打瓜茎粗的影响

茎粗是反应植株根系群生长状况的重要标志，具备体现打瓜植株运输养分和水分能力的特性[272]。在全生育期，茎粗随着生育期延长呈变粗—稳定—变细态势，呈"单峰"变化规律。

表 5.2　　　　　　　　　　打瓜各生育阶段茎粗生长表　　　　　　　　　单位：mm

年份	处理	苗期	伸蔓现蕾期	开花坐果期	果实膨大期	成熟期
2016	W1	5.73±0.02b	8.24±0.01a	8.75±0.21b	9.38±0.14b	9.00±0.32b
	W2	5.98±0.09a	8.80±0.39a	9.20±0.33ab	9.50±0.46ab	9.20±0.11b
	W3	6.09±0.08a	9.10±0.37a	9.20±0.07b	9.55±0.08b	9.30±0.26b
	W4	6.01±0.08a	9.40±0.01a	9.60±0.47ab	9.84±0.18ab	9.50±0.35b
	W5	6.38±0.24a	10.13±0.95a	10.62±0.75a	11.08±0.78a	10.70±0.66a
2017	W1N1	5.83±0.22b	6.29±0.09b	6.97±0.31b	7.52±0.15c	7.11±0.32b
	W1N2	6.06±0.18ab	7.21±0.22ab	7.42±0.31ab	8.01±0.12a	7.66±0.21ab
	W1N3	6.28±0.19ab	7.33±0.21ab	8.43±0.43ab	9.31±0.13a	8.89±0.09ab
	W3N1	5.81±0.44b	6.44±0.08ab	7.44±0.32ab	8.08±0.06ab	7.78±0.23b
	W3N2	6.45±0.23ab	7.34±0.13ab	8.09±0.12ab	9.31±0.21a	8.68±0.11ab
	W3N3	6.67±0.33a	7.72±0.33a	8.51±0.22ab	9.18±0.19ab	8.56±0.15ab
	W5N1	6.13±0.23ab	6.70±0.21ab	7.29±0.16ab	7.63±0.22bc	7.48±0.17b
	W5N2	6.38±0.17ab	7.17±0.13ab	8.15±0.25ab	9.49±0.28abc	8.84±0.09ab
	W5N3	6.79±0.24a	7.68±0.21a	8.88±0.16a	9.50±0.19a	9.33±0.26b

注　同列不同小写字母代表差异达到显著水平（$P<0.05$），数值后"±"号表示平均数加减标准差。

不同灌水定额对打瓜基部茎粗有着较为明显的影响作用。从表 5.2 中可以看出，苗期—伸蔓现蕾期，各处理打瓜基部茎粗快速变大，W1～W5 处理茎粗增长率分别为 43%、47%、49%、56%、58%。其中 W5 处理茎粗最大，且茎粗长势最快。W1 处理茎粗长势最慢且茎粗最小。在果实膨大期，不同灌水定额下打瓜茎粗均达到最大值，其中 W5 处理茎粗最大，W1 处理茎粗最小，W5 处理茎粗是 W1 处理的 1.2 倍。在成熟期，各个灌水处理下的茎粗逐渐减小。W5 处理最大，W4 处理次之，W1 处理最小。在整个生育期，W5 处理茎粗均最大。在整个生育期内，同一生育阶段打瓜茎粗幅值（最大茎粗与最小茎粗的差值）占最小茎粗尺寸的 23%。综上表明，随着灌水定额的增加茎粗逐渐增大，高灌水定额对打瓜茎粗增长的作用比低灌水定额更为明显。

不同水氮组合对打瓜茎粗影响不同。苗期—开花坐果期，打瓜茎粗快速增大。在开花坐果期的各处理茎粗均占成熟期茎粗 92% 以上，其中 W5N3 处理茎粗最大，W1N1 处理最小。W5N3 处理茎粗是 W1N1 处理的 1.3 倍；开花坐果期—果实膨大期，打瓜茎粗缓慢增加，W1N1、W3N1 和 W5N1 处理茎粗增长速度较其他处理慢，且茎粗较小。W5N3 处理茎粗最大，W1N1 处理最小；在成熟期，打瓜茎粗略微减小，各处理茎粗减少量均占对应处理果实膨大期茎粗的 5% 左右，此阶段 W5N3 处理茎粗最大，W1N1 处理最小。茎粗由大到小排序 W1N3＞W1N2＞W1N1，W5N2＞W3N2＞W1N2，W5N3＞W3N3＞W1N3。在果实膨大期 W5N1、W5N2、W5N3 处理茎粗分别是 W1N1、W1N2、W1N3 处理的 1.01 倍、1.2 倍、1.02 倍。综上表明，不同水氮耦合处理对打瓜茎粗影响不同，较高的水氮耦合有利于茎粗增大。在定灌水定额（或定施氮量）下，茎粗随着施氮量（或灌水定额）增加而增大，且当施氮量较高时，不同灌水定额对茎粗的影响差异不明显。

以上分析表明，苗期—开花坐果期是打瓜茎粗增长的主要阶段，灌水定额为 45.0～60.0mm，总施氮量为 276kg/hm² 的水氮组合有利于打瓜茎粗增大。

5.1.3　不同灌水定额及水氮互作对打瓜次蔓数的影响

次蔓数是打瓜生物学形态中重要组成部分，次蔓数变化情况具有重要栽培学意义[273]。次蔓数变化趋势与主蔓长变化趋势类似，不同灌水定额及水氮互作下，次蔓数表现出增大—稳定—减小态势（表 5.3）。

在 2016 年试验中，苗期—开花坐果期，各灌水定额下次蔓数快速增多，并达到最大值，其中 W5 处理次蔓数最多；开花坐果期—果实膨大期，各处理次蔓数量趋于稳定；成熟期，打瓜植株已经开始枯萎，较小的次蔓表现出枯枝现象，各处理总次蔓数下降，其中 W4 处理次蔓数下降幅度最小，其他处理次蔓数减少较为明显。在 2017 年试验中各灌水定额在苗期—伸蔓现蕾前期都无次蔓生长，且在果实膨大后期打瓜次蔓数都开始减少，这说明在生育期的一段时间内，灌水定额的高低只影响次蔓数的多少，而不能影响打瓜次蔓数变化的起止时间。各灌水定额影响打瓜次蔓总量的时间主要集中在伸蔓现蕾期阶段。在整个生育期中，W5 处理次蔓数始终最大，且与其他处理差异显著，W5、W4 处理次蔓数与 W4、W2 处理的差比（同一生长阶段，W5 处理和 W4 处理次蔓数的差与 W4 处理和 W2 处理次蔓数差的比）大于 1，表明 W5 灌水定额能促进次蔓数量增加，且效果明显。

表 5.3　　　　　　　　　　打瓜各生育阶段次蔓数增长表　　　　　　　　单位：条

年份	处理	苗期	伸蔓现蕾期	开花坐果期	果实膨大期	成熟期
2016	W1	1.20±0.05c	3.80±0.12c	4.60±0.22b	3.90±0.17b	3.60±0.20dc
	W2	1.00±0.02c	4.00±0.11c	4.50±0.16b	4.00±0.16b	3.17±0.48d
	W3	2.00±0.06ab	4.00±0.10bc	4.50±0.18b	5.00±0.11ab	4.50±0.29bc
	W4	1.50±0.11bc	6.25±0.09b	5.40±0.21ab	5.10±0.06ab	5.10±0.37b
	W5	2.67±0.23a	8.63±0.19a	8.50±0.40a	8.50±0.36a	8.00±0.33a
2017	W1N1	—	2.67±0.05b	3.56±0.12b	5.11±0.08cd	4.22±0.12a
	W1N2	—	3.33±0.10b	5.00±0.11ab	6.44±0.08bcd	6.22±0.10a
	W1N3	—	4.33±0.12a	5.78±0.09a	8.11±0.07ab	6.61±0.06a
	W3N1	—	3.33±0.11b	4.11±0.13ab	5.33±0.03bcd	5.33±0.04a
	W3N2	—	3.89±0.09ab	5.11±0.16ab	7.00±0.11bcd	6.17±0.06a
	W3N3	—	4.78±0.12ab	6.33±0.09ab	10.22±0.08a	6.22±0.09a
	W5N1	—	3.33±0.13b	3.33±0.08b	4.56±0.09d	4.56±0.05a
	W5N2	—	4.00±0.08ab	4.44±0.13ab	6.89±0.08cd	7.22±0.10a
	W5N3	—	5.78±0.15ab	6.33±0.16ab	9.00±0.12abc	7.67±0.08a

注　同列不同小写字母代表差异达到显著水平（$P<0.05$），数值后"±"号表示平均数加减标准差。

不同水氮处理对打瓜植株次蔓数影响不同，苗期—伸蔓现蕾期，各处理次蔓数快速增加，其中 W5N3 处理次蔓数最多，W1N1 处理最少，W5N3 处理次蔓数是 W1N1 处理的 2.2 倍；伸蔓现蕾期—开花坐果期，各水氮处理次蔓数增加速度减缓，其中 W5N3 和 W3N3 处理次蔓数最多；开花坐果期—果实膨大期，各处理次蔓数继续增加，且在果实膨大期达到最大值，W3N3 处理次蔓数最多，W5N1 处理次蔓数最少，W3N3 处理次蔓数是 W5N1 处理的 2.2 倍。果实膨大期—成熟期，各处理次蔓数减少，W5N3 处理次蔓数最多，W1N1 处理次蔓数最少，前者次蔓数是后者的 1.8 倍。

以上分析表明，苗期—伸蔓现蕾期和开花坐果期—果实膨大期是打瓜次蔓数增加的主要生育阶段，灌水定额为 45.0～60.0mm，总施氮量为 276kg/hm^2 的水氮组合有利于打瓜茎粗增大。

5.1.4　不同灌水定额及水氮互作对打瓜果实体积的影响

打瓜果实体积变化在一定程度上能反映打瓜营养和生殖生长状况，果实体积的大小影响着打瓜生物产量和经济产量[274]。

不同灌水定额对打瓜果实体积影响不同（图 5.1 和图 5.2）。在开花后 3～7d，各处理果实增长缓慢，W2、W3、W4 和 W5 处理果实体积增长速度逐渐增大，其中 W3 和 W5 处理果实体积增大较快，果实体积日均增长量分别为 $0.0050 \times 10^{-2}\,\mathrm{m^3/d}$ 和 $0.0054 \times 10^{-2}\,\mathrm{m^3/d}$，W1 处理最慢。在开花后 7～17d，各处理果实体积均增大，其中 W5 处理果实体积最大，W1 处理最小。W5 处理果实体积增长速度最大，W3 处理最小，日均体积增长量分别为 $0.0061 \times 10^{-2}\,\mathrm{m^3/d}$ 和 $0.0021 \times 10^{-2}\,\mathrm{m^3/d}$。在开花后 12d，W2、W3 和 W4 处理日均果实体积增长量达到第一峰值，在花后 17d W1 处理达到最大峰值，随后开始减小。在开花

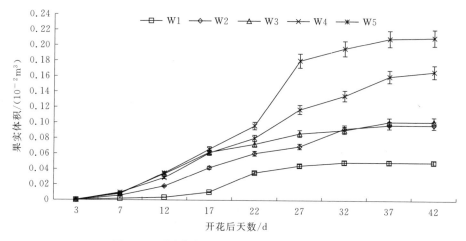

图 5.1　不同灌水定额下打瓜果实体积变化规律

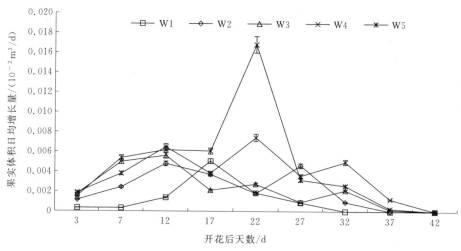

图 5.2　不同灌水定额对果实体积日均增长量的影响

后 22d，W5 处理果实体积最大，W1 处理最小。W5 处理果实体积增长速度最大，W1 处理最小，果实体积日均体积增长量分别为 $0.0168 \times 10^{-2}\,\mathrm{m^3/d}$ 和 $0.0018 \times 10^{-2}\,\mathrm{m^3/d}$，W5 和 W4 处理果实体积达到最大峰值，W1 处理果实体积增长速度逐渐减小。在开花后 $22 \sim 32\mathrm{d}$，各处理果实体积继续增大，但增长速度均减缓。

在开花后 32d，W3 和 W4 处理果实体积日均增长量达到峰值，其中 W4 处理增长速度最大，其果实体积日均体积增长量为 $0.0050 \times 10^{-2}\,\mathrm{m^3/d}$，W1 处理果实体积停止增大。在开花后 $32 \sim 42\mathrm{d}$，各处理果实体积缓慢增加，在开花后 37d W2 处理果实体积停止增大，在开花后 42d 各处理果实体积均停止增大。其中 W5 处理果实体积最大，W4 处理次之，W1 处理最小。W1 和 W2 处理果实提前进入成熟期（果实体积增长量几乎为 0），W4、W5 比 W1、W2 处理迟 8d 左右进入成熟期。以上表明不同灌水量对果实增长产生不同的影响，各处理打瓜表现出不同的果实增长关键期，W1 处理在开花后 17d 左右，W2 和 W3 处理在开花后 12d 和 27d 左右，W4 和 W5 处理在开花后 22d 左右。低灌水量延迟并限制打瓜果实体积增长，并使打瓜提前进入成熟期，较高的灌水量有利于果实体积增大。说明用较高的灌水量对打瓜进行灌溉，可以避免在体积增长关键期打瓜果实因得不到相应的水分而造成果实延迟增长的现象。

不同水氮耦合处理对打瓜果实体积影响不同，各处理下打瓜果实体积表现为先增大后稳定态势（图 5.3），果实体积日均增长量表现为"双峰"变化规律（图 5.4）。在开花后 $8 \sim 18\mathrm{d}$，各处理果实体积增大，其中 W5N2 处理最大，W3N1 处理最小。该时段各处理果实体积增长速度快速增加，W3N2、W1N2、W1N1 和 W3N1 处理果实体积日均增长量达到第一峰值，其中 W3N2 处理最大，

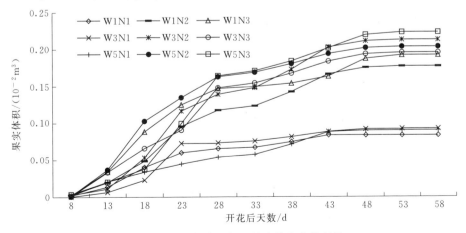

图 5.3　水氮耦合下打瓜果实体积变化规律

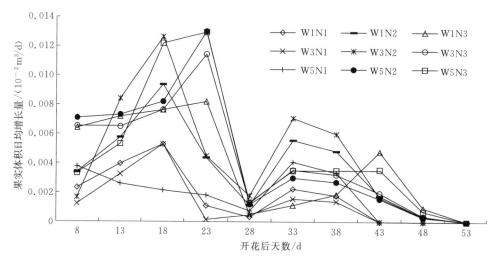

图 5.4　水氮耦合对果实体积日均增长量的影响

W5N1 处理最小。在开花后 18～28d，各处理果实体积继续增大，W5N2 和 W5N3 处理果实体积最大。在开花后 23d W3N3、W5N2、W5N3 和 W1N3 处理果实体积增长速度达到最大值，W5N3 和 W5N2 处理果实体积日增长量最大，均为 $0.013 \times 10^{-2} \, \text{m}^3/\text{d}$，随后开始减缓。在开花后 8～28d，W1N1、W1N3、W3N1、W3N3 和 W5N2 处理果实体积均增长至最终果实体积的 75%。在开花后 28d，各处理打瓜果实日增长量均出现谷值。在开花后 28～48d，各处理打瓜体积增长减缓，此阶段 W1N1、W1N3、W3N1、W3N3 和 W5N2 处理果实体积增长量占最终果实体积的 20%。在开花后 33d，各处理果实体积日增长量出现"第二峰值"，W3N2 处理果实日增长量最大。在开花后 43d，W1N1、W3N1 和 W5N1 处理打瓜果实停止增长，表明与其他处理相比，此 3 个处理打瓜提前进入成熟期；在开花后 48～58d，各处理果实日增长量趋于 0 并停止增大。综上表明，低肥限制果实增大，并促使打瓜提前进入成熟期；适当增加灌水定额和施肥量有利于打瓜果实体积增大，当继续增大水肥供应量，对果实增大无明显效果。

由图 5.3 还可以看出，果实体积增长曲线出现明显分层，与中高肥处理相比，低肥处理果实体积较小，且果实体积差异较大。W1N2、W3N2 和 W5N2 处理间果实体积差异不大。以上表明，与灌水定额相比，施肥量对打瓜果实的影响更显著。

经过两年数据分析，在开花后 15d、22d、33d 左右是打瓜果实体积增长关键时段。30.0～37.5mm 的灌水定额限制果实体积增长，并使打瓜提前进入成熟期。灌水定额为 45.0～60.0mm，总施氮量为 276kg/hm² 的水氮组合有利于打瓜果实体积增大。

5.1.5　水氮互作对打瓜各器官干物质积累量的影响

不同水氮耦合处理对打瓜各器官干物质及总干物质积累量影响不同（表5.4）。在伸蔓现蕾期，W3N2处理茎、叶干物质质量均最大，分别为840kg/hm² 和3005kg/hm²，W5N1处理茎、叶干物质质量均最小，分别为230kg/hm² 和1195kg/hm²，W3N2处理茎、叶干物质质量分别是W5N1处理的3.6倍和2.5倍。W3N2处理茎干物质质量分别为W3N1、W3N3处理的1.8倍和1.1倍，W3N2处理叶干物质质量分别为W3N1处理、W3N3处理的2倍和1.1倍。W5N2处理茎干物质质量分别为W5N1、W5N3处理的3.6倍和1.5倍，W5N2处理叶干物质质量分别为W5N1、W5N3处理的2.1倍和1.2倍。在开花坐果期，W5N3处理茎、叶、果实干物质质量均最大，W1N1处理茎和果实干物质质量均最小，W5N3处理干物质总质量是W1N1处理的1.9倍。在中水和高水处理中，茎、叶、果实干物质质量由大到小排序分别为W3N2≈W3N3＞W3N1和W5N3＞W5N2＞W5N1，W5N3处理干物质总质量是W5N1处理的1.7倍。在W1N2、W3N2和W5N2中，各器官干物质总质量由大到小排序为W5N2≈W3N2＞W1N2，W5N2处理干物质总量是W1N2处理的1.2倍。在果实膨大期，W3N3处理叶和果实干物质质量均最大，W1N1处理最小，W3N3干物质总质量是W1N1处理的2.3倍。在中水和高水处理中，茎干物质质量由高到低顺序为W3N2＞W3N3＞W3N1和W5N2＞W5N3＞W5N1，叶和果实干物质质量由大到小排序为W3N3＞W3N2＞W3N1和W5N3≈W5N2＞W5N1。在成熟期，W3N2处理茎和果实干物质质量最大，W1N1处理打瓜各器官干物质总质量最小。在中肥和高肥处理中，茎和叶干物质质量由大到小排序分别为W3N2＞W5N1＞W1N2和W3N3＞W5N2＞W1N3。

综上所述，高水氮施加量能积极促进打瓜茎、叶、果实干物质积累，低水低肥不利于打瓜干物质质量增加；在定灌水定额或定施氮量下，打瓜各器官干物质随着施氮量或灌水定额的增加而增大，且增加施氮量较增加灌水定额更有利于促进打瓜各器官干物质质量增加。继续增加施氮量或灌水定额，打瓜茎干物质质量均减少，叶干物质质量随着灌水定额继续增加而减小并随着施氮量的增加而缓慢增大，果实干物质质量随灌水定额继续增大而减小且随着施氮量增加而增大。

表 5.4　　　　　　　　水氮互作对打瓜各器官干物质质量的影响

处理	生育阶段	苗期	伸蔓现蕾期	开花坐果期	果实膨大期	成熟期
W1N1	茎/(kg/hm²)	60.0	320.0	1200.0	830.0	845.0
	占比/%	12.5	17.1	17.0	6.7	6.5
	叶/(kg/hm²)	420.0	1550.0	3355.0	2320.0	2210.0
	占比/%	87.5	82.9	47.6	18.7	17.1
	果实/(kg/hm²)	0	0	2500.0	9275.0	9905.0
	占比/%	0	0	35.4	74.6	76.4
	总质量/(kg/hm²)	480.0	1870.0	7055.0	12425.0	12960.0
W1N2	茎/(kg/hm²)	65.0	650.0	1705.0	1090.0	1000.0
	占比/%	11.4	21.1	16.8	6.6	5.5
	叶/(kg/hm²)	505.0	2425.0	4135.0	3665.0	3000.0
	占比/%	88.6	78.9	40.7	22.4	16.6
	果实/(kg/hm²)	0	0	4320.0	11640.0	14035.0
	占比/%	0	0	42.5	71.0	77.8
	总质量/(kg/hm²)	570.0	3075.0	10160.0	16395.0	18035.0
W1N3	茎/(kg/hm²)	60.0	625.0	1470.0	1300.0	1430.0
	占比/%	9.6	19.8	13.0	6.9	4.8
	叶/(kg/hm²)	565.0	2525.0	3915.0	3725.0	5050.0
	占比/%	90.4	80.2	34.7	19.9	17.1
	果实/(kg/hm²)	0	0	5895.0	13685.0	23065.0
	占比/%	0	0	52.3	73.1	78.1
	总质量/(kg/hm²)	625.0	3150.0	11280.0	18710.0	29545.0
W3N1	茎/(kg/hm²)	55.0	460.0	1700.0	1940.0	1410.0
	占比/%	10.9	23.4	19.0	10.6	7.6
	叶/(kg/hm²)	450.0	1505.0	3600.0	4385.0	2900.0
	占比/%	89.1	76.6	40.2	23.9	15.7
	果实/(kg/hm²)	0	0	3650.0	12040.0	14220.0
	占比/%	0	0	40.8	65.6	76.7
	总质量/(kg/hm²)	505.0	1965.0	8950.0	18365.0	18530.0
W3N2	茎/(kg/hm²)	85.0	840.0	1840.0	2300.0	2765.0
	占比/%	11.7	21.8	16.3	9.0	6.0
	叶/(kg/hm²)	640.0	3005.0	4470.0	5021.0	5495.0
	占比/%	88.3	78.2	39.6	19.6	11.9

续表

处理	生育阶段	苗期	伸蔓 现蕾期	开花 坐果期	果实 膨大期	成熟期
W3N2	果实/(kg/hm²)	0	0	4980.0	18360.0	38045.0
	占比/%	0	0	44.1	71.5	82.2
	总质量/(kg/hm²)	725.0	3845.0	11290.0	25681.0	46305.0
W3N3	茎/(kg/hm²)	75.0	800.0	1815.0	2085.0	2520.0
	占比/%	11.5	22.3	16.1	7.1	5.7
	叶/(kg/hm²)	580.0	2790.0	4765.0	5470.0	5600.0
	占比/%	88.5	77.7	42.3	18.7	12.6
	果实/(kg/hm²)	0	0	4675.0	21755.0	36395.0
	占比/%	0	0	41.5	74.2	81.8
	总质量/(kg/hm²)	655.0	3590.0	11255.0	29310.0	44515.0
W5N1	茎/(kg/hm²)	50.0	230.0	1630.0	1230.0	1320.0
	占比/%	10.9	16.1	21.4	7.9	7.8
	叶/(kg/hm²)	410.0	1195.0	2775.0	3170.0	3010.0
	占比/%	89.1	83.9	36.5	20.4	17.7
	果实/(kg/hm²)	0	0	3200.0	11155.0	12670.0
	占比/%	0	0	42.1	71.7	74.5
	总质量/(kg/hm²)	460.0	1425.0	7605.0	15555.0	17000.0
W5N2	茎/(kg/hm²)	55.0	820.0	1800.0	1745.0	1820.0
	占比/%	10.6	24.6	14.3	7.5	4.9
	叶/(kg/hm²)	465.0	2510.0	4560.0	4545.0	4930.0
	占比/%	89.4	75.4	36.3	19.7	13.2
	果实/(kg/hm²)	0	0	6210.0	16830.0	30700.0
	占比/%	0	0	49.4	72.8	82.0
	总质量/(kg/hm²)	520.0	3330.0	12570.0	23120.0	37450.0
W5N3	茎/(kg/hm²)	65.0	565.0	2090.0	1575.0	1600.0
	占比/%	10.9	21.6	15.8	6.7	3.6
	叶/(kg/hm²)	530.0	2055.0	4770.0	4515.0	5045.0
	占比/%	89.1	78.4	36.0	19.2	11.4
	果实/(kg/hm²)	0	0	6400.0	17430.0	37600.0
	占比/%	0	0	48.3	74.1	85.0
	总质量/(kg/hm²)	595.0	2620.0	13260.0	23520.0	44245.0

注　占比表示在某生育阶段打瓜各器官干物质质量分别与总干物质质量的比值。

从表 5.4 中还可以看出,各处理茎干物质质量占比呈"单峰"变化规律,在伸蔓现蕾期达到峰值。在整个生育期各处理叶干物质质量始终在增长,但叶干物质占比始终在下降,在苗期打瓜叶干物质质量占比达到最大值。各处理果实干物质质量在开花坐果期—果实膨大期占比快速增加,在膨大期—成熟期占比增长缓慢,在成熟期达到最大值。

5.1.6　水氮互作对打瓜干物质相对生长量占比和作物生长率的影响

不同水氮耦合处理下相邻两生育阶段干物质相对增长量与总干物质质量的比(简称相对生长量占比,PT)的变化规律与作物生长率变化规律类似(图 5.5),不同水氮耦合处理下打瓜相对生长量占比呈先增大后减小(或逐渐增大)态势。在苗期—果实膨大期,各处理相对生长量占比逐渐增大,W1N1、W3N1、W5N1 和 W1N2 处理在果实膨大期达到最大值,且较 W1N3、W3N2、W5N2、W5N3 和 W3N3 处理相对生长量占比大。其中 W3N1 处理相对生长量占比最大,W5N3 处理最小,二者幅值 27.6%。在成熟期 W1N1、W3N1、W5N1 和 W1N2 处理相对生长量占比减小,W1N1 和 W3N1 处理 PT 值降至 5% 以下,W5N1 和 W1N2 处理 PT 值降至 10%,这两组处理分别减少了 40% 和 38%。W1N3、W3N2、W5N2 和 W5N3 处理 PT 值继续增大,其中 W3N2 和 W5N3 处理 PT 值最大,分别为 45% 和 47%,W5N3 与 W1N1 处理 PT 值差幅为 43%。

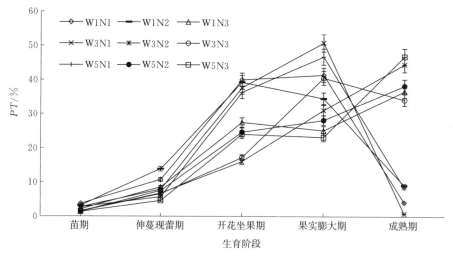

图 5.5　水氮互作对打瓜相对生长量的影响

综上所述,从不同生育阶段各处理相对生长量占比幅值逐渐增大可以看出,适宜的灌水定额和施氮量能有效提高相对生长量占比,在各生育阶段促进打瓜生长，且该效果与高水氮供给量促进相对生长量占比增大的效果类似。从成熟期低肥处理相对生长量占比接近 0 和中高肥处理相对生长量占比继续增大可以看出，在打瓜生长过程中氮肥扮演重要角色，当氮肥不足，开花坐果期和果实膨大期是打瓜主要生长阶段，当氮肥适量，果实膨大期和成熟期是打瓜主要生长阶段，也说明缺少氮肥打瓜提前进入成熟期。

不同水氮耦合处理对打瓜作物生长率（CGR）影响不同（图 5.6），在苗期—开花坐果期，CGR 快速增大，W1N1、W3N1、W5N1 和 W1N2 处理 CGR 在开花坐果期达到最大值，W5N3 处理 CGR 最大，W1N1 处理 CGR 最小，W5N3 处理 CGR 与 W1N1 处理间差幅为 389.6kg · hm² /d。在果实膨大期，大部分处理打瓜 CGR 减小，W3N3 和 W3N2 处理 CGR 继续增大，W3N3 处理 CGR 最大且与 CGR 最小的 W1N1 处理差幅为 604kg · hm² /d。在成熟期，W1N1、W3N1、W5N1 和 W1N2 处理 CGR 继续减小，W1N1 和 W3N1 处理 CGR 约为 0 并 CGR 值最小。W1N3、W3N2、W5N2、W5N3 处理 CGR 继续增大，其中 W3N2 和 W5N3 处理 CGR 最大。W5N3 与 W1N1 处理 CGR 差幅继续增大且为 918kg · hm² /d。

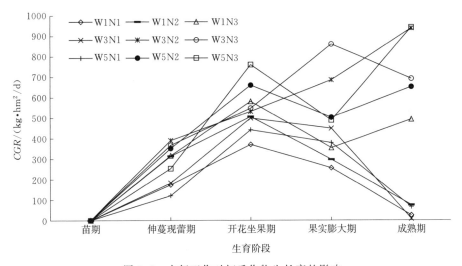

图 5.6　水氮互作对打瓜作物生长率的影响

分析表明，在各个生育阶段，不同水氮耦合处理对打瓜作物生长率的影响均较强，在成熟期不同处理对其影响尤为突出。从各生育阶段处理间作物生长率差幅逐渐增大可以看出，适当提高灌水定额和施氮量能有效促进作物生长率增大，当水氮量继续增加，作物生长率无明显增大，即各处理 CGR 随着灌水定额和施氮量的增加而呈先增大后稳定态势。从低肥处理下打瓜作物生长率接近 0 值可以看出，与其他处理相比，低氮处理打瓜提前进入成熟期，与前文呼应。

综合分析表明，灌水定额为 45.0～60.0mm，总施氮量为 138～276kg/hm² 的水氮组合有利于打瓜作物生长率增大。

5.1.7　小结

（1）不同灌水定额和水氮互作对打瓜主蔓长、茎粗、次蔓数影响较大。在苗期—开花坐果期不同灌水定额和水氮互作对主蔓长和茎粗的影响最大，且该阶段是主蔓和茎粗主要生长阶段，与刘炼红和张卿亚研究结果一致[275-276]。当施氮量为 276kg/hm² 时，茎粗随灌水定额增加变化不明显。不同灌水定额和水氮互作对打瓜次蔓数的影响主要集中在伸蔓现蕾期和果实膨大期。由两年数据分析可得，灌水定额为 45.0～60.0mm，总施氮量为 138～276kg/hm² 的水肥组合有利于打瓜主蔓长、茎粗和次蔓数增长。在生产实践中，合理选择灌水定额和施氮量，在促进打瓜植株生长的同时控制过量生长。

（2）不同灌水定额和水氮互作下打瓜果实体积增长关键期不同，在开花后 15d、22d、33d 左右是打瓜果实体积增长关键时段。30.0～37.5mm 灌水定额和 0kg/hm² 施氮量缩减果实体积增大时间，限制果实增大，使打瓜提前进入成熟期。经过两年数据分析，灌水定额为 45.0～60.0mm，总施氮量为 276kg/hm² 的水肥组合有利于打瓜果实体积增大。

（3）30.0～37.5mm 灌水定额和 0kg/hm² 施氮量不利于打瓜茎、叶、果干物质积累。在不同灌水定额条件下，打瓜茎、叶、果干物质随灌水定额增加而增大。在不同施氮量条件下，打瓜茎、叶、果干物质随施氮量的增加而增大。与增加灌水定额相比，增加施氮量对促进打瓜茎、叶、果干物质积累的效果更加明显。在灌水定额为 60.0mm 和总施氮量为 276kg/hm² 时，打瓜茎干物质质量均减少。在灌水定额为 60.0mm 时，打瓜叶和果实干物质质量均减少。在总施氮量为 276kg/hm² 时，打瓜叶和果实干物质质量均增加。即灌水定额为 45.0～60.0mm，总施氮量为 276kg/hm² 的水氮组合有利于打瓜植株地上部分干物质质量增大。

（4）在灌水定额为 45.0mm 和总施氮量为 138kg/hm² 时，相邻两生育阶段干物质相对增长量与总干物质质量的比较大，与灌水定额为 60.0mm 和总施氮量为 276kg/hm² 促进干物质相对生长量效果类似。在灌水定额为 45.0mm 和总施氮量为 138kg/hm² 时，打瓜作物生长率较大，在灌水定额为 60.0mm 和总施氮量为 276kg/hm² 时打瓜作物生长率无明显变化，在成熟期，在 0kg/hm² 施氮量下相邻两生育阶段干物质相对增长量与打瓜作物生长率均接近 0 值，打瓜停止生长时间提前，且较早进入成熟期。灌水定额为 45.0～60.0mm，总施氮量为 138～276kg/hm² 的水氮组合有利于打瓜作物生长率增大。

5.2 不同灌水定额及水氮互作下打瓜耗水特性研究

新疆位于中国西北干旱区，存在年降雨量低、年蒸发量高、农业水资源不足且利用率低等弊端[277-279]。北疆打瓜灌溉种植管理模式相对守旧，灌溉种植管理过程中水资源浪费现象严重，因此，研究打瓜耗水规律和灌溉制度，对北疆发展打瓜节水灌溉具有实际意义。目前在耗水规律方面，对甜瓜、西瓜和葡萄等经济作物的耗水规律研究较多[280-283]，而对打瓜耗水指标和作物系数方面的研究鲜有研究。

通过不同灌水定额试验和水氮耦合试验，研究不同灌水定额和水氮互作对打瓜各生育阶段耗水参数及作物系数的影响，揭示北疆打瓜耗水规律，以期为北疆打瓜节水灌溉提供一定科学依据。

5.2.1 不同灌水定额及水氮互作对打瓜旬耗水量的影响

不同灌水定额对打瓜旬均耗水量变化规律影响不同（图 5.7），打瓜耗水表现为"单峰"变化规律。在苗后期打瓜耗水略有增加，随后逐渐减小；打瓜耗水量在伸蔓现蕾期处于"低谷"值，进入开花坐果期时耗水量快速增大，在果实膨大期达到最大值；进入成熟期时，耗水量开始减小，在 8 月下旬打瓜耗水量趋于平缓。旬均耗水量的最大值出现在 7 月下旬的 W4 处理。从图中还可以看出，当耗水量处于低谷值时，各处理间的幅差较小，为 0.9mm；当耗水量处于峰值时，各处理间幅值较大，果实膨大期耗水量幅差最大，为 18.2mm。与其他生育期相比，在果实膨大期不同灌水定额对打瓜旬均耗水量影响更大，果实膨大期是打瓜需水敏感期。

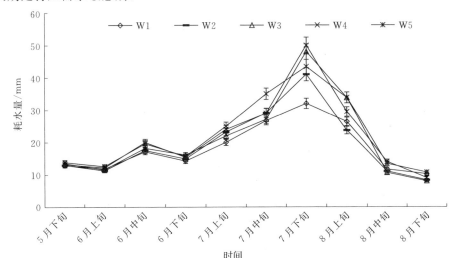

图 5.7　不同灌水定额下打瓜旬均耗水量变化规律

与不同灌水定额对打瓜旬均耗水量的影响类似，不同水氮耦合处理下打瓜旬均耗水量变化规律呈"单峰"变化规律（图 5.8）。在苗期—伸蔓现蕾期，打瓜耗水量变化趋于平缓；进入开花坐果期时打瓜耗水量快速增大，在果实膨大期达到最大值；在成熟期耗水量减小，旬耗水量的最大值出现在 7 月中下旬的 W5N2 处理。苗期—伸蔓现蕾期，不同水氮处理间耗水量幅差较小，最大幅值为 2.4mm；当耗水量处于峰值时，不同水氮处理间幅值较大，最大幅值为 29.6mm。说明在果实膨大期不同水氮组合对打瓜影响最大，可见果实膨大期是打瓜需水供肥敏感期。在节水灌溉设计时，要保证此阶段水氮适当充足，在其他时段可以适当减少水氮供应。

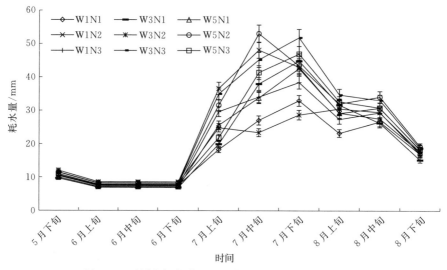

图 5.8　不同水氮耦合处理下打瓜旬均耗水量变化规律

综上所述，在不同灌水定额与水氮耦合下，打瓜旬均耗水量变化规律基本一致，均表现为"单峰"变化规律，且在 7 月中下旬的旬均耗水量最大；与其他生育期相比，在果实膨大期，打瓜对不同灌水处理和不同水氮处理的响应差异较明显。

5.2.2　不同灌水定额对打瓜各生育阶段耗水量和耗水强度的影响

不同灌水定额对打瓜耗水量与耗水强度影响不同（表 5.5），并求得打瓜耗水量和耗水强度增长率（相邻两个处理对应耗水参数的差与后者处理耗水参数的比值，见表 5.6）。在开花坐果期，当灌水定额从 30.0mm 增加至 45.0mm，耗水量和耗水强度均增加 9.9%；当灌水定额从 45.0mm 增加至 60.0mm，耗水量和耗水强度均增加 11%。在果实膨大期，当灌水定额从 30.0mm 增加至 45.0mm，耗水量和耗水强度均增加 29%；当灌水定额从

45.0mm 增加至 60.0mm，耗水量和耗水强度均增加 2.8%。在成熟期，当灌水定额从 30.0mm 增加至 45.0mm，打瓜耗水量和耗水强度均增加 1.4%；当灌水定额从 45.0mm 增加至 60.0mm，耗水量和耗水强度均增加 15.4%。与其他生育期相比，在果实膨大期不同灌水定额下耗水量及耗水强度增长率最大。综上所述，打瓜耗水量和耗水强度随着灌水定额的增加而增加，且当灌水定额增加至一定时，耗水量和耗水强度增加的趋势逐渐减缓。

表 5.5　　　　不同灌水定额对打瓜各生育阶段耗水量及耗水强度的影响

处理		W1	W2	W3	W4	W5
出苗期	耗水量/mm	11.7a	11.8a	12.3a	12.0a	12.6a
	耗水强度/(mm/d)	1.2	1.2	1.2	1.2	1.3
苗期	耗水量/mm	25.0a	24.7a	25.6a	27.4a	27.6a
	耗水强度/(mm/d)	1.4	1.4	1.4	1.5	1.5
伸蔓现蕾期	耗水量/mm	12.3a	12.7a	13.5a	13.7a	13.7a
	耗水强度/(mm/d)	1.5	1.6	1.7	1.7	1.7
开花坐果期	耗水量/mm	29.8a	33.6a	32.8a	34.6a	36.4a
	耗水强度/(mm/d)	1.9	2.1	2.0	2.2	2.3
果实膨大期	耗水量/mm	69.2b	79ab	89.3ab	90.8a	91.8a
	耗水强度/(mm/d)	2.8	3.2	3.6	3.6	3.7
成熟期	耗水量/mm	35.0ab	31.2b	35.5ab	37.7ab	41.0a
	耗水强度/(mm/d)	1.3	1.2	1.3	1.4	1.5
全生育期	总耗水量/mm	183.0b	193.0ab	209.0ab	216.3a	223.1a
	耗水强度/(mm/d)	1.7	1.8	1.9	1.9	2.0

注　同行不同小写字母代表差异达到显著水平（$P < 0.05$）。

表 5.6　　　　不同灌水定额下打瓜耗水量及耗水强度增长率　　　　%

处理	开花坐果期		果实膨大期		成熟期	
	耗水量	耗水强度	耗水量	耗水强度	耗水量	耗水强度
W1	—	—	—	—	—	—
W3	9.90	9.90	29.00	29.00	1.40	1.40
W5	11.00	11.00	2.80	2.80	15.40	15.40

5.2.3　不同灌水定额对打瓜各生育阶段耗水模数和作物系数的影响

不同灌水定额对打瓜耗水模数及作物系数影响不同（表 5.7 和表 5.8），两年不同灌水定额下打瓜耗水模数均为"双峰"变化规律，在苗期和果实膨大期到达峰值，并在果实膨大期达到最大值。2016 年灌水试验，在打瓜开花坐果期，当灌水定额从 30.0mm 增加至 60.0mm，各处理耗水模数存在增大趋势，但各处理间耗水模数变化量（该生育阶段最大与最小耗水模数之差）小于 2%；在果实膨大期，当灌水定额从 30.0mm 增加至 45.0mm，耗水模数增加 5%；当灌水定额从 45.0mm 增加至 60.0mm，打瓜耗水模数基本不变。在成熟期，当灌水定额从 30.0mm 增加至 60.0mm，各处理耗水模数存在微小变化，变化量为 3%。在 2017 年打瓜开花坐果期，当灌水定额从 30.0mm 增加至 60.0mm，各灌水定额处理耗水模数相近，耗水模数变动量小于 3%；在果实膨大期，当灌水定额从 30.0mm 增加至 45.0mm，N1 处理耗水模数增加 13%，N2 处理和 N3 处理耗水模数均增加 5% 左右。当灌水定额从 45.0mm 增加至 60.0mm，N1 处理耗水模数减少，N2 处理和 N3 处理耗水模数微幅增加；在成熟期，灌水定额从 30.0mm 增加至 60.0mm，N1 处理和 N3 处理耗水模数变化量均小于 3%，N2 处理耗水模数减少，减少量为 9%。综上表明，2016 年和 2017 年打瓜耗水模数变化具有一致性，均在果实膨大期表现最大，且在开花坐果期和成熟期，打瓜耗水模数随灌水定额增大而呈现出基本不变态势；在果实膨大期，打瓜耗水模数随灌水定额增大而增大，当灌水定额继续增大，耗水模数基本不变。

表 5.7　　　2016 年不同灌水定额对打瓜各生育阶段耗水模数及作物系数的影响

生育阶段		W1	W2	W3	W4	W5
出苗期	耗水模数/%	6.4a	6.1a	5.9a	5.5a	5.6a
	作物系数 K_c	0.228	0.229	0.238	0.233	0.244
苗期	耗水模数/%	13.6a	12.8a	12.2a	12.7a	12.4a
	作物系数 K_c	0.235	0.233	0.241	0.258	0.26
伸蔓现蕾期	耗水模数/%	6.7a	6.6a	6.5a	6.3a	6.2a
	作物系数 K_c	0.401	0.416	0.442	0.449	0.45
开花坐果期	耗水模数/%	16.3ab	17.4a	15.7b	16.0ab	16.3ab
	作物系数 K_c	0.355	0.399	0.39	0.412	0.432
果实膨大期	耗水模数/%	37.8b	40.9ab	42.7a	42.0a	41.2ab
	作物系数 K_c	0.615	0.702	0.793	0.807	0.815
成熟期	耗水模数/%	19.1a	16.2b	17.0ab	17.4ab	18.4ab
	作物系数 K_c	0.328	0.292	0.333	0.353	0.384
全生育期	作物系数 K_c	0.36	0.378	0.406	0.418	0.431

注　同行不同小写字母代表差异达到显著水平（$P<0.05$）。

表 5.8　2017 年不同灌水定额对打瓜各生育阶段耗水模数及作物系数的影响

生育阶段		N1			N2			N3		
		W1	W3	W5	W1	W3	W5	W1	W3	W5
出苗期	耗水模数/%	4.5ab	4.0ab	4.4ab	5.6a	4.1ab	3.8b	3.6b	3.5b	3.8b
	作物系数 K_c	0.122	0.111	0.115	0.131	0.138	0.131	0.119	0.133	0.126
苗期	耗水模数/%	7.8ab	7.1ab	7.7ab	9.9a	7.1ab	6.7b	6.3b	6.2b	6.6b
	作物系数 K_c	0.121	0.113	0.113	0.128	0.136	0.128	0.121	0.128	0.121
伸蔓现蕾期	耗水模数/%	2.2ab	2.0ab	2.2ab	2.8a	2.0ab	1.9b	1.8b	1.8b	1.9b
	作物系数 K_c	0.142	0.126	0.132	0.151	0.157	0.151	0.139	0.151	0.145
开花坐果期	耗水模数/%	11.0a	12.0a	14.0a	17.0a	16.0a	14.0a	13.0a	14.0a	10.0a
	作物系数 K_c	0.265	0.289	0.349	0.349	0.493	0.433	0.397	0.469	0.313
果实膨大期	耗水模数/%	32.0a	45.0a	40.0a	33.0a	38.0a	39.0a	31.0a	37.0a	38.0a
	作物系数 K_c	0.574	0.808	0.754	0.521	0.862	0.906	0.691	0.924	0.853
成熟期	耗水模数/%	28.0b	30.0ab	31.0ab	38.0a	27.0b	29.0ab	26.0b	26.0b	28.0b
	作物系数 K_c	0.676	0.711	0.723	0.770	0.781	0.863	0.746	0.863	0.804
全生育期	作物系数 K_c	0.317	0.36	0.364	0.342	0.428	0.435	0.369	0.445	0.394

注　同行不同小写字母代表差异达到显著水平（$P<0.05$）。

与不同灌水定额下耗水模数变化规律类似，两年不同灌水定额下打瓜作物系数均为"双峰"变化规律，在伸蔓现蕾期和果实膨大期到达峰值，并在果实膨大期达到最大值。2016 年灌水试验，在打瓜开花坐果期，当灌水定额从 30.0mm 增加至 60.0mm，打瓜作物系数持续增大，其中 W5 处理作物系数最大，W1 处理最小，幅值（最大与最小作物系数的差值）为 0.08；在果实膨大期，W5 处理作物系数最大，W1 处理最小，幅值为 0.2；在成熟期，W5 处理作物系数最大，W2 处理最小，幅值为 0.09。2017 年灌水试验，在开花坐果期，当灌水定额从 30.0mm 增加至 60.0mm，N1 处理下打瓜作物系数逐渐增大，作物系数幅值为 0.08；N2 和 N3 处理作物系数先增大后减小，幅值分别为 0.14 和 0.07。在果实膨大期，当灌水定额从 30.0mm 增加至 60.0mm，N1 处理和 N3 处理作物系数先增大后减小，幅值均为 0.23；N2 处理作物系数逐渐增大，幅值为 0.39。在成熟期，当灌水定额从 30.0mm 增加至 60.0mm，N1 处理和 N2 处理作物系数逐渐增大，幅值分别为 0.05 和 0.09；N3 处理作物系数先增大后减小，幅值为 0.12。综上所述，两年灌水试验下打瓜作物系数变化规律类似，均在果实膨大期达到最大值，且作物系数随灌水定额增大而增大，当灌水定额继续增大，作物系数减小。从幅值分析可以看出，与其他生育阶段相比，不同灌水定额对果实膨大期的打瓜作物系数影响最大。

5.2.4 水氮互作对打瓜各生育阶段耗水指标的影响

不同水氮处理对打瓜耗水模数和作物系数影响不同（表5.8）。在开花坐果期，W1N2处理耗水模数最大，W5N3处理耗水模数最小，幅值为7%。W3N2处理作物系数最大，W1N1处理作物系数最小。幅值为22.8%；在果实膨大期，W3N1处理耗水模数最大，W1N3处理耗水模数最小，幅值为14%。W3N3处理作物系数最大，W1N2处理作物系数最小，幅值为40.3%；在成熟期，W1N2处理耗水模数最大，W1N3处理耗水模数最小，幅值为12%。W5N2作物系数最大，W1N1处理作物系数最小，幅值为18.7%。在以上3个生育阶段中，W5N3处理的耗水模数和作物系数均非最大。分析表明，与高水氮供给量相比，合适的水氮供给量下打瓜耗水模数和作物系数较大。

不同水氮耦合处理对打瓜耗水量与耗水强度影响不同（表5.9）。在开花坐果期，W3N2处理耗水量与耗水强度最大，W1N1处理耗水量和耗水强度最小，幅值分别为19mm和1.2mm/d。在果实膨大期，W3N3处理耗水量与耗水强度最大，W1N2处理耗水量和耗水强度最小，幅值分别为45mm和2mm/d。在成熟期，W5N2处理和W3N3处理耗水量与耗水强度最大，W1N1处理耗水量和耗水强度最小，幅值分别为16mm和0.7mm/d。

表5.9　水氮互作对打瓜各生育阶段耗水量及耗水强度的影响

	处理	W1N1	W3N1	W5N1	W1N2	W3N2	W5N2	W1N3	W3N3	W5N3
出苗期	耗水量/mm	9.1a	8.3a	8.6a	9.8a	10.3a	9.8a	8.9a	9.9a	9.4a
	耗水强度/(mm/d)	0.8	0.7	0.7	0.8	0.9	0.8	0.7	0.8	0.8
苗期	耗水量/mm	16.0a	15.0a	15.0a	17.0a	18.0a	17.0a	16.0a	17.0a	16.0a
	耗水强度/(mm/d)	0.8	0.7	0.7	0.8	0.9	0.8	0.7	0.8	0.8
伸蔓现蕾期	耗水量/mm	4.6a	4.1a	4.3a	4.9a	5.1a	4.9a	4.5a	4.9a	4.7a
	耗水强度/(mm/d)	0.8	0.7	0.7	0.8	0.9	0.8	0.7	0.8	0.8
开花坐果期	耗水量/mm	22.0b	24.0b	29.0ab	29.0ab	41.0a	36.0a	33.0ab	39.0a	26.0a
	耗水强度/(mm/d)	1.5	1.6	1.9	1.9	2.7	2.4	2.2	2.6	1.7
果实膨大期	耗水量/mm	64.0bc	90.0ab	84.0ab	58.0c	96.0a	101.0a	77.0bc	103.0a	95.0a
	耗水强度/(mm/d)	2.8	4.0	3.6	2.5	4.2	4.4	3.4	4.5	4.1

处理		W1N1	W3N1	W5N1	W1N2	W3N2	W5N2	W1N3	W3N3	W5N3
成熟期	耗水量/mm	58.0a	61.0a	62.0a	66.0a	67.0a	74.0a	64.0a	74.0a	69.0a
	耗水强度/(mm/d)	2.4	2.9	2.6	2.7	2.8	3.1	2.7	3.1	2.9
全生育期	总耗水量/mm	173.7c	202.4abc	202.9abc	184.7bc	237.4ab	242.7a	203.4abc	247.8a	220.1abc
	耗水强度/(mm/d)	1.5	1.8	1.7	1.6	2.1	2.1	1.7	2.1	1.9

注　同行不同小写字母代表差异达到显著水平（$P<0.05$）。

在上述 3 个生育阶段中，W5N3 处理的耗水量和耗水强度均非最大。分析表明，与最高水氮供给量处理相比，合适的水氮供给量对打瓜耗水量和耗水强度的互作效应较强，即适宜的水氮供给量有利于打瓜耗水量和耗水强度的增大。从幅值分析可以看出，与其他生育阶段相比，不同水氮互作处理对果实膨大期打瓜耗水量与耗水强度影响较大。

在开花坐果期，W3N1、W3N2 和 W3N3 中，施氮量从 0 增加至 55.2kg/hm² 时，耗水量和耗水强度增长率分别为 70.8％ 和 68.8％（表 5.10）；施氮量从 55.2kg/hm² 增加至 110.4kg/hm² 时，耗水量和耗水强度增长率分别为 −4.9％ 和 −3.7％。在果实膨大期，W3N1、W3N2 和 W3N3 处理中，施氮量从 0 增加至 55.2kg/hm² 时，耗水量和耗水强度增长率分别为 6.7％ 和 5％；施氮量从 55.2kg/hm² 增加至 110.4kg/hm² 时，耗水量和耗水强度增长率分别为 7.3％ 和 7.1％。其他定水不定肥处理，耗水指标规律与以上分析类似。

表 5.10　　　　水氮耦合处理下打瓜定灌水定额耗水参数增长率　　　　%

处理		W1			W3			W5		
		N1	N2	N3	N1	N2	N3	N1	N2	N3
开花坐果期	耗水量	—	31.8	13.8	—	70.8	−4.9	—	24.1	−27.8
	耗水强度	—	26.7	15.8	—	68.8	−3.7	—	26.3	−29.2
果实膨大期	耗水量	—	−9.4	32.8	—	6.7	7.3	—	20.2	−5.9
	耗水强度	—	−10.7	36.0	—	5.0	7.1	—	22.2	−6.8
成熟期	耗水量	—	13.8	−3.0	—	9.8	10.4	—	19.4	−6.8
	耗水强度	—	12.5	0	—	−3.4	10.7	—	19.2	−6.5

从以上灌水定额和施氮量增量分析表明，打瓜耗水量和耗水强度随着施氮量的增加而增大，当施氮量继续增大，耗水量和耗水强度基本不变，即增强打

瓜耗水效果减弱。从增长率分析得出，与其他生育阶段相比，不同施氮量对开花坐果期打瓜耗水量与耗水强度影响较大。

5.2.5　小结

（1）通过分析表明在不同灌水定额和不同水氮耦合试验下，打瓜耗水规律具有一致性。不同灌水定额和水氮互作下打瓜旬均耗水量变化呈先增大后减小变化规律，均在果实膨大期达到最大值，本试验结果与郑国保和桑艳朋二人结论一致[284-285]。且在果实膨大期，不同灌水定额和水氮互作对打瓜旬均耗水量的影响较其他生育阶段大。其中灌水定额 52.5mm 与灌水定额 60.0mm 和施氮量 138kg/hm² 水氮耦合旬均耗水量最大。两年的参考作物蒸腾蒸发量趋势线变化规律类似，均随着时间延后而逐渐降低。

（2）在不同灌水定额条件下，打瓜耗水量和耗水强度随着灌水定额的增加而增加，当灌水定额继续增加，耗水量和耗水强度增长减缓，60.0mm 灌水定额耗水量和耗水强度最大。打瓜作物系数随灌水定额增加而增大，其中 60.0mm 灌水定额作物系数最大。与其他生育阶段相比，不同灌水定额对果实膨大期打瓜耗水量、耗水强度和作物系数影响最大。

（3）作物系数随着灌水定额的增加而增大，其中 52.5mm 至 60.0mm 灌水定额和施氮量 110.4kg/hm² 作物系数最大。各处理作物系数均在 0.317～0.445 内变化，在果实膨大期，打瓜作物系数最大，此结论与前人研究[286]结论一致。

（4）在果实膨大期，不同灌水定额对耗水量等耗水指标的影响较其他生育阶段大，而与其他生育阶段相比，不同施肥量在开花坐果期对耗水量等耗水指标的影响较大。表明分别在开花坐果期和果实膨大期，应注意打瓜肥量和水量充足。在全生育期，其中灌水定额 45.0mm 和施氮量 276kg/hm² 水氮耦合处理下平均耗水量和作物系数均最大，灌水定额 45.0mm 和施氮量 138kg/hm² 等水氮耦合处理下平均耗水强度最大。打瓜耗水量和耗水强度随着施氮量的增加而增大，当施氮量继续增大，耗水量和耗水强度基本不变，此结论与 Kong D J[287]结论类似。与其他生育阶段相比，不同施氮量对开花坐果期打瓜耗水量与耗水强度影响较大。

5.3　不同灌水定额及水氮互作对打瓜产量及其构成的影响

在农田生产中，灌溉和施肥是不可缺少的农艺措施，其中水分和肥料的定量是一个重要的理论问题。水分和肥料对作物有着交叉影响，找到水肥对作物影响的最优交点，就可能实现低投入和高产出的目标[288]。水分对打瓜植株的生长和果实的发育有着极其重要的作用[289]，作物的生长指标及其产量对不同的灌水定额有着不同的响应表现[290-291]，且适量增加灌水定额有利于作物生长与增产[292-293]。

本节在不同灌水定额和不同水氮耦合试验基础上，研究打瓜产量及其构成对不同水氮响应，为指导实际生产提供理论依据。

5.3.1 不同灌水定额对打瓜产量及其构成的影响

不同灌水定额对打瓜果实性状、产量及其构成影响不同（表 5.11 和表 5.12），各处理小区之间果实形体性状没有显著差异。随着灌水定额的增加，果实横径、果实质量、果实体积表现为缓慢增加态势，其中 W5 处理果实横径、果实体积最大，而果实质量却和 W3 处理相近，W4 处理果实质量最大。W5、W4、W3、W2 处理果实质量分别比 W1 处理高 18%、28%、18%、16%，说明增加灌水定额可以增加果实质量，当灌水定额达到 60.0mm 时，灌水定额不再对果实质量有增大作用，W5 处理出现坏瓜，坏瓜在内部溃烂处表现局部萎缩，其果实质量较低。灌水定额由 45.0mm 增加至 52.5mm，果实横径增长率最大，约为 21%。W1 处理果实横径、果实质量、果实外体积均最小，W4 处理果实质量最大，且不会出现坏瓜现象。

表 5.11　　　　　　不同灌水定额下打瓜产量及其构成表

处理	有效瓜数 /（个/株）	鲜籽质量 /（kg/株）	干籽质量 /（kg/株）	百粒质量 /g	干燥指数	产籽率 /%	产量 /（kg/hm²）
W1	1.63a	0.112b	0.051c	25.88c	2.21a	45.07b	1432d
W2	1.65a	0.116b	0.063b	26.65bc	1.83b	54.57a	1833c
W3	1.58a	0.131ab	0.072b	28.15ab	1.81b	55.26a	2097bc
W4	1.93a	0.151a	0.084a	29.00ab	1.79b	55.87a	2586a
W5	1.68a	0.135ab	0.074ab	27.20bc	1.82b	55.15a	2288bc

注　同列不同小写字母代表差异达到显著水平（$P<0.05$）。

灌水定额与打瓜鲜籽质量、干籽质量、百粒质量、产量、*IWUE* 有着密切联系。随着灌水定额的增加，打瓜鲜籽质量、干籽质量、百粒质量、产量呈现出不同程度的增大。其中 W4 处理打瓜单株有效瓜数、鲜籽质量、干籽质量、百粒质量、产籽率最大，且较其他处理差异显著。干燥指数以 W1 处理最大，W4 处理最小且差异显著，说明在各小区鲜籽质量相同的情况下，W4 处理打瓜产量更高。研究将打瓜籽粒作为经济产量，故 5 个处理 *IWUE* 均较低，在 0.7kg/m³ 以下，其中 W4 处理 *IWUE* 最高。W4 处理产量最高且较其他处理差异显著。随着灌水定额的增加，打瓜耗水量逐渐增加，W5 处理耗水量最高，但产量不是最高。与 W4 处理相比，W5 处理产量减少 12%。W3、W4 处理耗水量与 W5 处理相近，其中 W4 处理产量最高、WUE 最高。综上所述，5 个处理中 W4 处理更适合用于打瓜农田灌溉。W5 处理有效瓜数、单株干籽质量、产量、WUE 较优于 W3 处理；但 W3 处理单瓜质量、百粒质量、干燥指数、产籽率和 IWUE 优于 W5 处理，说明 W5 处理可能优于 W3 处理，但此结论还需进一步研究。W1 处理不利于打瓜生长且限制产量的提高，而 W4 处理有利于打瓜节水增产。

表 5.12　　　　　不同灌水定额下打瓜果实性状及水分利用效率表

处理	果实性状			耗水量 /mm	WUE /[kg/(hm² · mm)]	IWUE /(kg/m³)
	横径 /cm	质量 /(kg/个)	体积 /(10⁻³m³)			
W1	13.60a	1.48b	1.32a	183b	7.81c	0.682
W2	13.97a	1.72a	1.45a	193ab	9.50b	0.698
W3	14.00a	1.75a	1.44a	208ab	10.06b	0.666
W4	16.93a	1.90a	2.64a	216a	11.97a	0.704
W5	17.23a	1.75a	2.95a	223a	10.26b	0.545

注　同列不同小写字母代表差异达到显著水平（$P<0.05$）。

5.3.2　水氮互作对打瓜产量及其构成的影响

不同灌水定额和施氮量对产量构成及耗水指标影响不同（表 5.13）。定施氮量下，随着灌水定额的增大，黑片干重、有效果实率、籽粒成熟率、产量、WUE 逐渐增大。以产量为例，W3N2 和 W5N2 处理产量分别是 W1N2 处理的 1.6 倍和 1.5 倍；定灌水定额处理下，随着施氮量的增加，黑片干重、百粒重、耗水量、WUE、产量逐渐增大。W5N2 和 W5N3 处理的产量分别是 W5N1 处理的 2.3 倍和 2.2 倍。分析表明，产量、产量构成及耗水指标随单因素灌水定额或施氮量的增加而增加；与增加灌水定额相比，增加施氮量对打瓜增产效果更明显。

表 5.13　　　　　水氮互作对打瓜产量及其构成和耗水指标的影响

处理	黑片干重 /(g/10 株)	果实数量 /(10³/hm²)	百粒质量 /g	坏瓜率 /%	有效果实率/%	籽粒成熟率/%	产量 /(kg/hm²)	WUE /[kg/(hm² · mm)]	耗水量 /mm
W1N1	148.33d	104.9ab	29.19b	0.90a	92a	85b	987.3d	5.92bc	174c
W1N2	297.33c	96.5ab	29.86ab	0.64a	93a	89ab	1591.7bc	8.74abc	184bc

续表

处理	黑片干重 /（g/10 株）	果实数量 /（10³/hm²）	百粒 质量/g	坏瓜率 /%	有效果 实率/%	籽粒成 熟率/%	产量 /（kg/hm²）	WUE /［kg/（hm²· mm）］	耗水量 /mm
W1N3	360.09bc	90.4b	29.90ab	0.72a	95a	90ab	1834.4b	10.01ab	204abc
W3N1	183.33d	99.7ab	29.46b	1.15a	94a	92ab	1212.5cd	6.02bc	201abc
W3N2	454.45a	90.5b	30.18ab	1.04a	96a	93ab	2582.9a	10.91a	238ab
W3N3	355.36bc	113.7a	30.77ab	0.64a	96a	92ab	2581.6a	10.53a	248a
W5N1	167.67d	101.8ab	30.32ab	1.42a	93a	91ab	1083.9cd	5.37c	203abc
W5N2	368.23bc	110.5ab	31.41ab	0.75a	96a	96ab	2543.3a	10.60a	243a
W5N3	412.47ab	94.7ab	32.04a	1.18a	95a	88ab	2404.0a	11.16a	220abc

注 同列不同小写字母代表差异达到显著水平（$P<0.05$）。

由表 5.13 可以看出，W3N2 处理黑片干重、有效果实率最高，黑片干重较其他处理差异显著，W1N1 处理黑片干重最小，W3N2 处理黑片干重是 W1N1 处理的 3.1 倍。表明增大灌水定额和施氮量能促进黑片干重的增加。其中 W5N1 处理坏瓜率最大，W5N2 处理籽粒成熟率最大，W1N1 处理有效果实率和籽粒成熟率最小。W1N1 处理果实数量最大，然而产量最低，其原因主要是因为 W1N1 处理黑片干重小。与 W1N1、W1N2 处理相比，W3N3 处理耗水量最高且差异显著。产量前五的处理由高到低的排序为：W3N2 > W3N3 > W5N2 > W5N3 > W1N3，W1N1 处理的产量最小，W3N2 处理的产量是 W1N1 处理的 2.62 倍，W5N3 处理的产量是 W1N1 处理的 2.43 倍。水分利用效率前五的处理由高到低排序为 W5N3 > W3N2 > W5N2 > W3N3 > W1N3，W5N1 处理的水分利用效率最小，W5N3 处理的水分利用效率是 W5N1 处理的 2.1 倍。分析表明，较低的水氮量限制打瓜增产，较高的灌水定额和施肥量促进打瓜增产并提高水分利用效率，但随着水氮量继续增加产量不再增加。

在 9 个处理中，W5N3 处理水分利用效率最高，产量第四，W3N2 处理产量最高，其产量比 W5N3 处理高 7.3%，其水分利用效率仅次于 W5N3 处理。与 W5N3 处理相比，W3N2 处理节水省肥且有利于打瓜增产，符合节水灌溉需求。

5.3.3 小结

（1）30.0～60.0mm 灌水定额下打瓜果实形体性状没有显著差异。果实横径、果实质量、果实体积随着灌水定额增加而增大，60.0mm 灌水定额下果实横径、果实体积最大，52.5mm 灌水定额下果实质量最大。60.0mm 灌水定额对果实质量的增加无促进作用。灌水定额由 45.0mm 增加至 52.5mm，果实横径增长率最大。打瓜鲜籽质量、干籽质量、百粒质量、产量随着灌水定额增加而增大，52.5mm 灌水定额下打瓜单株有效瓜数、鲜籽质量、干籽质量、百粒质量、产籽率最大，干燥指数最小，$IWUE$ 最高，52.5mm 灌水定额适用于打瓜农田灌溉。

（2）在定施氮量或定灌水定额条件下，打瓜黑片干重、有效果实率、籽粒成熟率、产量、WUE 随着灌水定额或施氮量的增加而增大。与增加灌水定额的农艺措施相比，施加氮肥对打瓜增产效果更明显。45.0mm 灌水定额和 138kg/hm^2 施氮量耦合处理的黑片干重、有效果实率、产量最高，W5N2 处理籽粒成熟率最大。60.0mm 灌水定额和 276kg/hm^2 施氮量耦合处理的水分利用效率最高。30.0mm 灌水定额和无施氮量耦合处理限制打瓜增产。与其他水氮耦合处理相比，45.0mm 灌水定额和 138kg/hm^2 施氮量耦合处理的水肥使用量较少，且有利于打瓜增产，该处理适用于打瓜农田灌溉。

5.4　打瓜产量及耗水指标的模糊综合评价分析

前三节分别从单指标角度论述不同灌水定额及不同水氮耦合对打瓜生长发育、耗水规律和产量及其构成影响，并表现出对 45.0～52.5mm 灌水定额和 138kg/hm^2 施氮量的灌溉制度更适合阿勒泰地区打瓜种植的结论具有强解释性，但结论直观性不足，且未从多指标角度出发综合说明 5 种不同灌溉制度和 9 种水氮耦合种植制度相对优劣。本节从生长指标、果实品质指标、增产指标、节水指标和环境指标方面评价 5 种灌溉制度和 9 种水氮耦合灌溉制度具有必要性。

5.4.1　不同灌水定额下打瓜果实、产量及耗水指标的模糊综合评价

以果实横径、果实质量、有效瓜数、干籽质量、百粒质量、干燥指数、产量、$IWUE$、耗水量、WUE 作为评判因素的论域 $U = \{u_1, u_2, u_3, u_4\}$，试验结果见表 5.11 和表 5.12。在对不同灌水定额处理小区的综合评估中还应该考虑其他因素（如温度、土壤特性、土壤肥力等），但是由于这些因素不易定量化或量化差异不显著，暂不考虑。

根据式（2.29）和式（2.30）计算性状隶属度，因为评判因素论域中存在异向指标，所以在计算过程中将干燥指数和耗水量取倒数后再计算。表 5.11 和表 5.12 的数据处理得到隶属度向量并构成性状模糊集，见表 5.14。

表 5.14　　　　不同灌水定额处理打瓜的性状模糊集

处理	果实横径	果实质量	有效瓜数	干籽质量	百粒质量	干燥指数	产量	*IWUE*	耗水量	*WUE*
W1	0.1796	0.1721	0.1924	0.1483	0.1891	0.1706	0.1399	0.2070	0.2221	0.1574
W2	0.1845	0.2000	0.1948	0.1831	0.1947	0.2052	0.1791	0.2118	0.2112	0.1916
W3	0.1849	0.2035	0.1865	0.2093	0.2057	0.2077	0.2049	0.2021	0.1954	0.2028
W4	0.2236	0.2209	0.2279	0.2442	0.2119	0.2099	0.2526	0.2137	0.1886	0.2414
W5	0.2275	0.2035	0.1983	0.2151	0.1987	0.2067	0.2235	0.1654	0.1827	0.2069

权重选择的适宜与否将直接影响最终结果。确定权重的方法有很多种，如专家预测法、层次分析法、加权平均法、Delphi 法、灰色关联度法、"超标法"等。采用专家预测法，由 10 位对该试验地及试验深度了解的节水灌溉专家及长期从事节水灌溉试验的技术人员进行评估，得权重模糊集 A =（0.05，0.05，0.05，0.1，0.1，0.05，0.15，0.1，0.15，0.2）。

综合评判集 $B = A \circ R$，算子"$\circ$"选用相乘有界和，经计算得出 B =（0.1759，0.1950，0.2014，0.2255，0.2020）。结果表明，对 W4 处理评价最高，W1 处理评价最低，在 5 个处理中 W4 处理更有利于打瓜节水增产灌溉。

由模糊综合评判结果可以看出，5 个不同灌水定额处理的优劣顺序依次为W4、W5、W3、W2、W1 处理，W4 处理更适合用于打瓜膜下滴灌，此评价结果与 5.1～5.3 节分析不同灌水定额下打瓜大田的试验结果一致。从产量、产量构成和耗水指标的角度可得，W5 处理比 W3 处理更有利于打瓜农田灌溉，而大田试验结果无法确定二者的优劣。评价结果中 W1 处理的排位最低，表明 W2、W3、W4、W5 处理优于 W1 处理，评价结果与大田试验结果类似。

5.4.2　水氮互作下打瓜产量构成及耗水指标的模糊综合评价

单个评判因素质量的高低直接影响评判目标的实现程度。当评判因素质量越高，其对于目标的真实性、全面性就越清晰，目标的实现程度也随之增大[294-295]。韩丙芳等[296]以水肥互调和提高水分利用效率为目标，认为利用模糊评判选出最优水肥组合处理与玉米产量相关性状有着密切的联系，这与本研究不同。本研究目标层是选择最优水肥耦合处理，为北疆打瓜水肥高效利用提供科学依据。为建立能够反映目标层实际情况的评判因素，将增产指标、节水指标、环境映射指标、果实品质指标作为基础评判因素，并构成一级评判体系。为了直接体现不同水氮处理下打瓜增产情况，将产量和黑片干重作为评价增产指标；作物水分利用效率是对农业种植生产活动节水评价的重要指标[297]，且 *WUE* 与耗水量是受生物学特性、气象条件、土壤条件、作物栽培措施综合影响的指标。WUE 和耗水量能够反映当地打瓜在不同水氮条件下种植的节水情况，故选择 WUE 和耗水量作为评价节水指标；通过对果实数量、百粒重、坏瓜率、有效果实率、籽粒成熟率指标方差分析，发现各处理间坏瓜率与有效果实率差异不显著，部分处理籽粒成熟率、果实数量、百粒重差异显著。说明普遍因素（外部环境、农艺措施、品种）对各处理打瓜影响较大，果实数量、百粒重、坏瓜率、有效果实率、籽粒成熟率与环境之间表现出多对一的映射关系。将坏瓜率、有效果实率、籽粒成熟率、果实数量、百粒重作为评判因素，具有对研究区打瓜种植环境、该地区农艺措施、打瓜品种的代表性。其中，坏瓜率、有效果实率、籽粒成熟率、果实数量是反映果实品质的重要指标，将果实品质指标作为评判因素，有利于体现目标真实性与全面性。

根据以上指标归类说明，本书将黑片干重、果实数量、坏瓜率、有效果实率、百粒质量、籽粒成熟率、产量、耗水量、WUE（水分利用效率）作为一级评价指标（表 5.12）。以大田试验数据为基础，将指标数值归一化处理，得到 3 个性状模糊集（表 5.15）R_{11}、R_{12}、R_{13}。

表 5.15　　　　　　　水氮互作下打瓜的性状模糊集

性状模糊集	黑片干重	果实数量	坏瓜率	有效果实率	百粒质量	籽粒成熟率	产量	耗水量	WUE
	0.184	0.359	0.272	0.329	0.328	0.321	0.224	0.358	0.240
R_{11}	0.369	0.331	0.387	0.332	0.336	0.336	0.361	0.337	0.354
	0.447	0.310	0.342	0.339	0.336	0.342	0.416	0.305	0.406
	0.185	0.328	0.255	0.330	0.326	0.332	0.190	0.376	0.219
R_{12}	0.458	0.335	0.284	0.335	0.334	0.335	0.405	0.319	0.397
	0.358	0.374	0.460	0.335	0.340	0.333	0.405	0.305	0.383
	0.177	0.332	0.243	0.327	0.323	0.331	0.180	0.363	0.198
R_{13}	0.388	0.360	0.464	0.337	0.335	0.349	0.422	0.303	0.391
	0.435	0.308	0.293	0.336	0.342	0.320	0.399	0.334	0.411

因素间重要程度存在差异，故不同因素对应权重不同。本书采用 AHP 法中的"和法"确定因素权重。由判断矩阵（表 5.16）可以看出因素 $A_1 \sim A_9$ 的权重分别为：D_1 =（0.142，0.079，0.030，0.062，0.021，0.043，0.274，0.086，0.262）。判断矩阵 A 的最大特征根 $\lambda_{1\max} = 10.14$，计算得 $C.I. = 0.1430$，9 维矩阵 $R.I. = 1.46$，$C.I. = 0.097$，故由判断矩阵 A 所得的权重效度可靠。

表 5.16　　　　　　　　　　　　　判断矩阵 **A** 及权重

因素	A_1	A_2	A_3	A_4	A_5	A_6	A_7	A_8	A_9	D_1
A_1	1	3	5	3	7	5	1/3	3	1/3	0.142
A_2	1/3	1	3	3	3	5	1/5	1	1/5	0.079
A_3	1/5	1/3	1	1/5	3	1/3	1/7	1/3	1/7	0.030
A_4	1/3	1/3	5	1	3	3	1/5	1/3	1/5	0.062
A_5	1/7	1/3	1/3	1/3	1	1/5	1/7	1/5	1/7	0.021
A_6	1/5	1/5	3	1/3	5	1	1/7	1/5	1/7	0.043
A_7	3	5	7	5	7	7	1	5	1	0.274
A_8	1/3	1	3	3	5	5	1/5	1	1/5	0.086
A_9	3	5	7	5	7	7	1	5	1	0.262

　　集间关系采用"相乘有界和"法则，分别计算权重 **D_1** 与性状矩阵 **R_{11}**、**R_{12}**、**R_{13}** 的乘积，得到一级综合评判矩阵 **S_{11}**、**S_{12}**、**S_{13}**（表 5.17）。

$$S_{11} = D_1 \circ R_{11} = (0.142, 0.079, 0.030, 0.062, 0.021, 0.043, 0.274, 0.086, 0.262)$$

$$\circ \begin{bmatrix} 0.184 & 0.369 & 0.447 \\ 0.359 & 0.331 & 0.310 \\ 0.272 & 0.387 & 0.342 \\ 0.329 & 0.322 & 0.339 \\ 0.329 & 0.336 & 0.336 \\ 0.321 & 0.336 & 0.342 \\ 0.224 & 0.361 & 0.416 \\ 0.358 & 0.337 & 0.305 \\ 0.240 & 0.354 & 0.406 \end{bmatrix} = (0.259 \quad 0.353 \quad 0.388)$$

$$S_{12} = D_1 \circ R_{12} = (0.142, 0.079, 0.030, 0.062, 0.021, 0.043, 0.274, 0.086, 0.262)$$

$$\circ \begin{bmatrix} 0.185 & 0.458 & 0.358 \\ 0.328 & 0.335 & 0.374 \\ 0.255 & 0.284 & 0.460 \\ 0.330 & 0.355 & 0.335 \\ 0.326 & 0.334 & 0.340 \\ 0.332 & 0.335 & 0.333 \\ 0.190 & 0.405 & 0.405 \\ 0.376 & 0.319 & 0.305 \\ 0.219 & 0.397 & 0.383 \end{bmatrix} = (0.244 \quad 0.385 \quad 0.374)$$

$$S_{13} = D_1 \circ R_{13} = (0.142, 0.079, 0.030, 0.062, 0.021, 0.043, 0.274, 0.086, 0.262)$$

$$\circ \begin{bmatrix} 0.177 & 0.388 & 0.435 \\ 0.332 & 0.360 & 0.308 \\ 0.243 & 0.464 & 0.293 \\ 0.327 & 0.337 & 0.336 \\ 0.323 & 0.335 & 0.342 \\ 0.331 & 0.349 & 0.320 \\ 0.180 & 0.422 & 0.399 \\ 0.363 & 0.303 & 0.334 \\ 0.198 & 0.391 & 0.411 \end{bmatrix} = (0.233 \quad 0.385 \quad 0.383)$$

表 5.17　　　　　　　　　　　一　级　评　价　值

处理	W1	W3	W5
N1	0.259	0.244	0.233
N2	0.353	0.385	0.385
N3	0.388	0.374	0.383

计算表明，在定灌水定额 W1 处理（灌水定额为 30.0mm）下，N3 处理（施氮量为 276kg/hm² ）的评价最高；N2 处理（施氮量为 138kg/hm² ）次之，N1 处理（施氮量为 0kg/hm² ）评价最低。分别在定灌水定额 W3 和 W5 处理（灌水定额为 45.0mm 和 60.0mm）下，对 N2 处理的评价最高，N1 处理评价最低，故选择 N2 处理作为打瓜施肥方案较为合适。由表 5.13 可知，在 W1 处理中，N3 处理产量与 *WUE* 均最大；N1 处理除坏瓜率与果实数量外，其他指标均最小，说明 N3 处理有利于打瓜增产；在定灌水定额 W3 和 W5 处理中，N2 处理产量、*WUE*、黑片干重、籽粒成熟率、有效果实率均最大，N1 处理产量和 *WUE* 等指标值相对其他处理最小。因此，选择 N2 处理作为打瓜种植施肥方案较为合适。综上分析表明评判结果与大田试验结果一致。

利用 3 种不同的灌水定额，构造判断矩阵 *C*（表 5.18），灌水定额因素权重为 $D_2 = (0.228，0.648，0.125)$，经一致性检验 D_2 效度可靠。

表 5.18　　　　　　　　　　判　断　矩　阵　*C*

因素	C1	C2	C3	D_2
C1	1	1/3	3	0.228
C2	3	1	5	0.648
C3	1/3	1/5	1	0.125

注　$\lambda_{2max} = 3.085$，$C.I. = 0.043$，3 维 $R.I. = 0.52$，$C.R. = 0.082 < 0.1$。

二级综合评判集 $R_2 = (S_{11}^{\mathrm{T}} \quad S_{12}^{\mathrm{T}} \quad S_{13}^{\mathrm{T}})$，二级评判矩阵的集间关系 $S_2 = D_2 \cdot$ R_2，由此可得

$$S_{11} = (0.228 \quad 0.648 \quad 0.125) \circ \begin{bmatrix} 0.259 & 0.243 & 0.233 \\ 0.353 & 0.385 & 0.385 \\ 0.387 & 0.374 & 0.383 \end{bmatrix}$$

$$= (0.336 \quad 0.352 \quad 0.125)$$

结果表明，灌水定额的评价值由高到低顺序为 W3＞W5＞W1，其中对 W3 处理评价最高。与 W1 和 W5 处理相比，W3 处理更有利于打瓜节水增产。综合两次评判结果表明，对 W3N2 处理评价最高，W3N3 处理次之，对 W1N1 处理评价最低，说明 W3N2 处理更适合作为打瓜灌溉施肥制度，与 5.2 节分析结果一致。

5.4.3 小结

（1）基于专家赋权法对不同灌水定额下打瓜果实生长、产量和耗水指标的模糊综合评价可以得出，与其他灌溉制度相比，对 52.5mm 灌水定额构成的灌溉制度评价最高，60.0mm 灌水定额构成的灌溉制度优于 45.0mm 灌水定额。52.5mm 灌水定额构成的灌溉制度更有利于当地打瓜节水增产种植，评价结果与大田试验结果一致。

（2）基于 AHP 法对水氮耦合下打瓜果实生长、产量和耗水指标的模糊综合评价可以得出，在 30.0mm 灌水定额下，对 276kg/hm² 施氮量评价最高，即低灌水定额下，高施氮量对打瓜果实生长、产量和耗水指标更重要。在灌水定额为 45.0mm 和 60.0mm 下，对 138kg/hm² 施氮量评价最高。随着灌水定额的增加，高施氮量对打瓜果实生长、产量和耗水指标的重要性减弱。在对不同施氮量处理评价的基础上可以得出，对 30.0mm 灌水定额评价最高。综合评价表明，45.0mm 灌水定额和 138～276kg/hm² 施氮量的灌溉制度更适合阿勒泰地区打瓜种植。评价结果与大田试验结果一致，均说明灌水定额在 45.0～52.5mm，施氮量在 138～276kg/hm² 的水氮组合更适合阿勒泰地区打瓜节水增产种植。

5.5 结　论

5.5.1 不同灌水定额及水氮互作对打瓜生长指标的影响

（1）在苗期至开花坐果期不同灌水定额和水氮互作对主蔓长和茎粗的影响最大，且该阶段是主蔓和茎粗主要生长阶段。不同灌水定额和水氮互作对打瓜次蔓数的影响主要集中在伸蔓现蕾期和果实膨大期。由两年数据分析可得，灌

水定额为 45.0～52.5mm，施氮量为 138～276kg/hm² 的水氮组合有利于打瓜主蔓长、茎粗和次蔓数增长。

（2）不同灌水定额和水氮互作下打瓜果实体积增长关键期不同，在开花后 15d、22d、33d 左右是打瓜果实体积增长关键时段。灌水定额为 30.0～37.5mm，施氮量为 0 的水氮组合缩减果实体积增大时间，不利于果实增大，促使打瓜提前进入成熟期。经过两年数据分析，灌水定额为 45.0～60.0mm，施氮量为 276kg/hm² 的水肥组合利于打瓜果实体积增大。

（3）灌水定额为 30.0～37.5mm 和施氮量为 0 不利于打瓜茎、叶、果干物质积累。在不同灌水定额条件下，打瓜茎、叶、果干物质随灌水定额增加而增大。在不同施氮量条件下，打瓜茎、叶、果干物质随施氮量的增加而增大。在伸蔓现蕾期茎干物质占比达到最大值，在苗期打瓜叶干物质质量占比达到最大值。灌水定额为 45.0～60.0mm，施氮量为 276kg/hm² 的水氮组合有利于打瓜植株地上部分干物质质量增大。

（4）在灌水定额为 45.0mm 和施氮量为 138kg/hm² 下相对增长量与总干物质质量比和打瓜作物生长率均较大，在成熟期，施氮量为 0 时干物质相对增长量与打瓜作物生长率均接近 0 值，打瓜提前进入成熟期。灌水定额为 45.0～60.0mm，施氮量为 138～276kg/hm² 的水氮组合有利于打瓜作物生长率增大。

5.5.2　不同灌水定额及水氮互作下打瓜的耗水特性

（1）不同灌水定额和水氮互作下打瓜旬均耗水量呈先增大后减小变化规律，且在果实膨大期达到最大值。不同灌水定额和水氮互作对果实膨大期打瓜耗水量影响较大。其中灌水定额为 52.5～60.0mm，施氮量为 138kg/hm² 的水氮组合打瓜旬均耗水量最大。

（2）打瓜耗水模数和耗水强度随着灌水定额和施氮量增加而增大，45.0～60.0mm 灌水定额和施氮量 138～276kg/hm² 的水氮组合打瓜耗水强度和耗水模数最大。在果实膨大期，不同灌水定额和不同水氮互作对打瓜耗水模数和耗水强度影响最大。当灌水定额和施氮量继续增大，耗水模数和耗水强度无明显变化。

（3）作物系数随着灌水定额的增加而增大，其中灌水定额为 52.5～60.0mm，施氮量为 276kg/hm² 作物系数最大。各处理作物系数为 0.317～0.445，在果实膨大期，打瓜作物系数最大。

5.5.3　不同灌水定额及水氮互作对打瓜果实和产量的影响

（1）30.0～60.0mm 灌水定额下打瓜果实形体性状没有显著差异。果实质量和果实体积随着灌水定额增加而增大，52.5～60.0mm 灌水定额下果实质量和果实体积最大。灌水定额由 45.0mm 增加至 52.5mm，果实横径增长率最大。打瓜鲜籽质量、干籽质量、百粒质量、产量随着灌水定额增加而增大，52.5mm 灌水定额打瓜单株有效瓜数、鲜籽质量、干籽质量、百粒质量、产籽率最大，干燥指数最小，$IWUE$ 最高。

（2） 45.0mm 灌水定额和 138kg/hm² 施氮量的水氮组合打瓜黑片干重、有效果实率、产量最高，60.0mm 灌水定额和 138kg/hm² 施氮量的水氮组合打瓜籽粒成熟率最大，60.0mm 灌水定额和 276kg/hm² 施氮量的水氮组合打瓜水分利用效率最高。30.0mm 灌水定额和无施氮量耦合处理限制打瓜增产。与其他水氮耦合处理相比，45.0～60.0mm 灌水定额和 138kg/hm² 施氮量的水氮组合有利于打瓜增产，适用于打瓜农田灌溉。

5.5.4　打瓜果实、产量构成及耗水指标的模糊综合评价分析

基于专家赋权法和 AHP 法的模糊综合评价结果看出，对 45.0～52.5mm 灌水定额，138～276kg/hm² 施氮量的水氮组合评价最高，该水氮组合构成的灌溉制度适用于当地打瓜节水增产种植，评价结果与大田试验分析结果一致。

第6章 多砾石砂土膜下滴灌食葵耗水及灌溉制度研究

6.1 基于 PPC 模型对膜下滴灌食葵耗水特征及产量的研究

6.1.1 灌水定额对食葵旬耗水量的影响

不同灌水定额对食葵旬耗水量变化规律影响不同（图 6.1），随着时间延后，食葵耗水量表现为先增大后减小的变化规律。6 月上旬至 7 月上旬（出苗期—现蕾期），食葵旬耗水量快速增大。7 月上旬，W1、W2、W3、W4 和 W5 处理旬耗水量分别增长至原来的 7.2 倍、3.5 倍、2.7 倍、3.8 倍、5.4 倍，其中 W5 处理旬耗水量最大，各处理旬耗水量幅值为 21mm；7 月上旬至 7 月下旬（现蕾期—初花期），各处理旬耗水量缓慢增大，并在 7 月下旬达到第一峰值。其中 W3 处理旬耗水量最大，增长率为 90%，W3 处理旬耗水量比 W1 处理大 21%；8 月上旬（盛花期），各处理旬耗水量均减小，且处于谷值，其中 W5 处理旬耗水量最大，各处理间旬耗水量幅值为 9.7mm；8 月上旬至 8 月

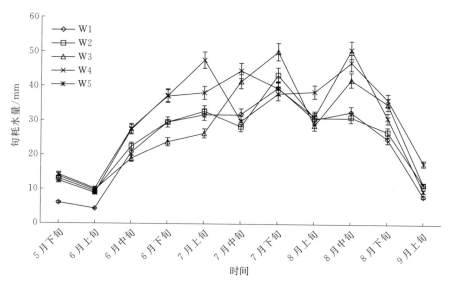

图 6.1 不同灌水定额对食葵旬耗水量的影响

中旬，W3、W4 和 W5 处理旬耗水量均增大，分别增大 46％、62％和 22％，W1 和 W2 处理旬耗水量基本不变。8 月中旬（成熟初期），各处理旬耗水量达到第二峰值，W4 处理旬耗水量最大，W1 和 W2 处理最小，各处理旬耗水量幅值为 20mm；8 月中下旬（成熟中期）各处理开始减小，其中 W5 处理旬耗水量最大，W1 处理最小。以上分析表明，食葵旬耗水量随着灌水定额增大而增大，当灌水定额继续增大，食葵旬耗水量增长趋势减缓；低灌水定额促使食葵耗水量提前稳定并减小；从幅值分析可得，现蕾期和成熟初期各处理旬耗水量差异最大，与其他生育阶段相比，在现蕾期和成熟初期高灌水定额对食葵旬耗水量影响更大。

6.1.2　食葵全生育期 ET_0 变化规律

在 2017 年 5 月 18 日—9 月 5 日，利用 HOBO 小型气象站，对气温、湿度和风速（2m）等农业气象指标进行观测及数据采集，通过 Penman 公式计算出该时段参考作物腾发量 ET_0，降雨量及 ET_0 如图 6.2 所示，各生育阶段参考作物腾发量及降雨量值见表 6.1。从图中可得，随着时间延后试验站参考作物腾发量逐渐减小，当出现降雨时，日参考作物腾发量均减小，食葵生育末期（生育期最后 10d）参考作物腾发量仅占生育初期的 44.6％。结合食葵旬耗水量和图 6.2 可以看出，出苗期—苗期，食葵旬耗水量逐渐增大且参考作物腾发量处于较高水平，这可能是引起食葵萎蔫的原因之一。

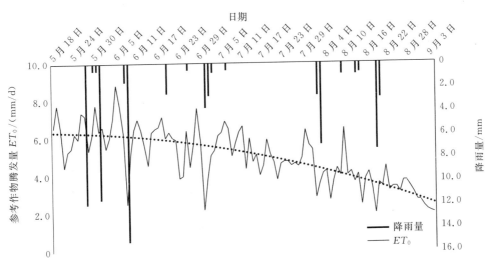

图 6.2　2017 年观测时段内的降雨量及 ET_0 值

表 6.1 食葵各生育阶段降雨量与参考作物腾发量累积值

生育阶段	出苗期	苗期	现蕾期	花期	成熟期	总计
日期	5 月 18— 26 日	5 月 27 日— 7 月 2 日	7 月 3— 19 日	7 月 20 日— 8 月 9 日	8 月 10 日— 9 月 4 日	110d
降雨量/mm	0	51.00	0.20	10.80	11.80	73.80
参考作物腾发量/mm	55.83	218.45	94.77	94.67	83.57	547.29

6.1.3 灌水定额对食葵耗水强度、耗水模数和作物系数的影响

不同灌水定额对食葵各生育阶段耗水强度影响不同（表 6.2），不同灌水定额下食葵耗水强度表现为"单峰"变化规律。出苗期—现蕾期，各处理耗水强度快速增大，W1、W2、W3、W4 和 W5 处理耗水强度分别增长了 6.0 倍、2.6 倍、2.9 倍、3.4 倍和 3.7 倍。在现蕾期，W4 处理耗水强度最大，W2 处理最小，W4 处理耗水强度较 W2 处理增大 41%；现蕾期—花期，W1、W2 和 W3 处理耗水强度缓慢增加，增长量分别占现蕾期的 4%、19% 和 9%。W4 处理和 W5 处理耗水强度逐渐减小，减少量分别占现蕾期的 21% 和 11%。在花期，W3 处理耗水强度最大，W1 处理最小，W3 处理耗水强度较 W1 处理增大 13%；花期—成熟期，各处理耗水强度均减小，W1、W2、W3、W4 和 W5 处理耗水强度减小量分别占花期 35%、36%、22%、8% 和 6%。在成熟期，W5 处理耗水强度最大，W1 处理最小，W5 处理耗水强度较 W1 处理增大 52%。其中，在现蕾期 W4 和 W5 处理耗水强度达到最大值，在花期，W1、W2 和 W3 处理耗水强度达到最大值。综上所述，由各处理内分析可以看出，食葵耗水强度随着灌水定额增加而增大；由各处理间分析可得，在现蕾期和成熟期高灌水定额对食葵耗水强度影响较大。

表 6.2 不同灌水定额对食葵耗水指标的影响

生育阶段	灌溉处理	W1	W2	W3	W4	W5
出苗期	耗水量/mm	3.929	8.412	8.827	9.138	7.996
	耗水模数/%	1.51	3.01	2.93	2.72	2.35
	耗水强度/(mm/d)	0.56	1.20	1.26	1.31	1.14
	作物系数 K_c	0.070	0.151	0.158	0.164	0.143
苗期	耗水量/mm	62.779	71.984	62.262	87.404	85.488
	耗水模数/%	24.12	25.79	20.69	26.00	25.14
	耗水强度/(mm/d)	1.70	1.95	1.68	2.36	2.31
	作物系数 K_c	0.287	0.330	0.285	0.400	0.391

生育阶段	灌溉处理	W1	W2	W3	W4	W5
现蕾期	耗水量/mm	54.312	50.762	58.146	71.806	67.133
	耗水模数/%	20.87	18.19	19.32	21.36	19.74
	耗水强度/(mm/d)	3.39	3.17	3.63	4.49	4.20
	作物系数 K_c	0.573	0.536	0.614	0.758	0.708
花期	耗水量/mm	70.260	75.510	79.271	70.699	74.699
	耗水模数/%	27.00	27.06	26.34	21.03	21.96
	耗水强度/(mm/d)	3.51	3.78	3.96	3.53	3.73
	作物系数 K_c	0.742	0.798	0.837	0.747	0.789
成熟期	耗水量/mm	68.978	72.402	92.439	97.173	104.782
	耗水模数/%	26.50	25.94	30.72	28.90	30.81
	耗水强度/(mm/d)	2.30	2.41	3.08	3.24	3.49
	作物系数 K_c	0.825	0.866	1.106	1.163	1.254
全生育期	耗水量/mm	260.258	279.069	300.944	336.220	340.098
	耗水强度/(mm/d)	2.29	2.50	2.72	2.99	2.98
	作物系数 K_c	0.500	0.536	0.600	0.646	0.657

不同灌水定额对食葵各生育阶段耗水模数影响不同，食葵耗水模数表现为先增加再减小后增加态势。出苗期—苗期，各处理食葵耗水模数快速增大，W1、W2、W3、W4 和 W5 处理耗水模数分别增大了 22.61%、22.78%、17.76%、23.28% 和 22.79%。在苗期，W4 处理耗水模数最大，W3 处理最小，W4 处理耗水模数较 W3 处理增大 26%；苗期—现蕾期，各处理耗水模数均略微减小，由低到高的灌水定额耗水模数分别减少 3.25%、7.60%、1.37%、4.64% 和 5.40%。在现蕾期，W4 处理耗水模数最大，W2 处理最小，W4 处理耗水模数较 W2 处理增大 17%；现蕾期—成熟期，W3、W4 和 W5 处理耗水模数均缓慢增大，分别增大了 11.4%、7.54% 和 11.07%。在花期，W1 和 W2 处理耗水模数达到最大值，且随后减小。在成熟期，W5 处理耗水模数最大，W2 处理最小，W5 处理耗水模数较 W2 处理增大 18.8%。综上，较高灌水定额有利于食葵耗水模数增大，低灌水定额促使食葵耗水模数提前减小，与上文分析呼应。

与不同灌水定额下食葵耗水模数变化规律类似，不同灌水定额下食葵作物系数整体呈"阶梯"状增大态势。苗期—现蕾期，各处理作物系数快速增大，W1、W2、W3、W4 和 W5 处理作物系数分别增大 2.0 倍、1.63 倍、2.2 倍、1.9 倍和 1.8 倍，W4 处理作物系数最大，W2 处理最小，当灌水定额从 30mm 增加至 52.5mm，作物系数增大 41％。现蕾期—花期，W1、W2 和 W3 处理作物系数缓慢增加，分别增加 29％、49％和 36％，W4 和 W5 处理作物系数基本不变。在花期，当灌水定额从 30mm 增加至 60mm，作物系数增大 12％；花期—成熟期，W1 和 W2 处理作物系数基本不变，W3、W4 和 W5 处理作物系数均增大，分别增大 32％、56％和 59％。在成熟期，当灌水定额从 30mm 增加至 60mm，作物系数增大 52％。在成熟期各处理作物系数达到最大值。综上，食葵作物系数在成熟期达到最大值；作物系数随着灌水定额的增大而增大，当灌水定额继续增大，灌水定额对作物系数的增大效应减弱；与其他生育阶段相比，不同灌水定额对现蕾期和成熟期食葵作物系数影响最大。

6.1.4 灌水定额对食葵产量构成、产量和水分利用效率的影响

不同灌水定额对食葵产量及其构成的影响不同（表 6.3）。在 5 个处理中，W5 处理盘径和百粒质量均最大，W4 处理次之，W1 处理最小。W5 处理盘径和百粒质量分别较 W1 处理大 25％和 33％，且较 W1 处理盘径和百粒质量差异显著。不同灌水定额下食葵出仁率呈抛物线变化规律，W2 处理出仁率最高，W1 和 W5 处理出仁率最低，且 W2 处理出仁率较 W1 和 W5 处理差异显著。水分利用效率（WUE）与出仁率变化规律类似，其中 W3 处理水分利用效率最大，W2 和 W4 处理次之，W1 处理最小，W3 处理水分利用效率较 W2 和 W4 处理无显著差异，较 W1 处理差异显著。与 W1 处理相比，W3 处理水分利用效率增长 46％。在 5 个处理中，W4 处理单盘干籽粒质量和产量最大，W5 处理次之，W1 处理最小。与 W1 处理相比，W4 处理产量增长 77％，且较 W1 处理差异显著。综上，食葵盘径、单盘干籽粒质量、百粒质量、出仁率、产量和水分利用效率随着灌水定额的增加而增大，适宜的灌水定额有利于产量和水分利用效率的增大，当灌水定额持续增加单盘干籽粒质量、出仁率、产量和水分利用效率均降低。较低灌水定额有利于食葵出仁率增大。

在 5 个处理中，W3 处理水分利用效率最高，W4 处理第三，W5 处理第四，3 个处理间水分利用效率无显著差异。W4 处理产量最高，W5 处理第二，W3 处理次之，且 W4 处理产量与 W3 处理差异显著，与 W5 处理无显著差异。W3 和 W5 处理产量无显著差异。W4 处理盘径、单盘干籽粒质量和百粒质量均高于 W3 处理。W5 处理各项产量构成指标与 W4 处理差异显著，但 W4 处理单盘干籽粒质量、出仁率、产量和水分利用效率均高于 W5 处理。综上所述，选用 W4 处理作为实际食葵灌溉方案更合适。从产量或水分利用效率单方面分析，W3 和 W5 处理各有优势，不易确定二者相对优劣。

表 6.3　　　　　　　不同灌水定额对产量和水分利用效率的影响

灌溉处理	盘径/cm	单盘干籽粒质量/g	百粒质量/g	出仁率/%	产量/(kg/hm²)	WUE/[kg/(hm²·mm)]
W1	19.7c	101.48d	21.10c	43.75bc	2707.49d	10.54b
W2	21.5b	151.28c	23.95b	48.99ab	4036.15c	14.48a
W3	23.5ab	169.86b	26.25a	47.75ab	4531.86b	15.44a
W4	24.3a	179.23a	27.20a	47.45a	4781.86a	14.37a
W5	24.7a	174.01ab	28.10c	43.25c	4642.59ab	13.68ab

注　同列不同小写字母代表差异达到差异显著水平（$P<0.05$）。

6.1.5　食葵产量、产量构成和耗水指标的综合评价

上文从各指标分析不同灌水定额对食葵产量和耗水规律的影响，对 W4 处理灌溉制度更适合当地食葵种植的结论具有强解释性，但结论直观性不足，且未从全局角度出发综合说明 5 种灌溉制度相对优劣。从生长指标、果实品质指标、增产指标、节水指标等方面评价 5 种灌溉制度具有必要性。

综合评价模型有模糊综合评价模型、欧式贴近度、理想解法[296,298-299]等，该类模型能在不同指标基础上对目标进行综合评价，并能给出唯一评价值。权重的确定是综合评价模型的重要环节，运用不同的指标权重将产生多种评价结果，权重的优劣确定评价结果导向[300]。赋权方法主要分为主观赋权（专家预测法、AHP 法等）和客观赋权（熵值法、变异系数等）[301]。本书选用投影寻踪聚类（PCC）寻找评价指标最优投影方向向量，使用最优投影方向向量作综合评价能有效避开求权重带来的误差，提高评价结果准确度。归一化处理食葵产量构成、产量和耗水指标，指标均为正向指标，归一化值见表 6.4。

表 6.4　　　　　　　不同灌水定额下食葵评价指标标准化

灌溉处理	盘径	干籽粒质量	百粒质量	出仁率	产量	耗水量	WUE	作物系
W1	0.173	0.131	0.167	0.189	0.131	0.173	0.154	0.170
W2	0.189	0.195	0.189	0.212	0.195	0.184	0.211	0.182
W3	0.207	0.219	0.207	0.207	0.219	0.199	0.225	0.204
W4	0.214	0.231	0.215	0.205	0.231	0.220	0.210	0.220
W5	0.217	0.224	0.222	0.187	0.224	0.225	0.200	0.223

局部最优解决定最优投影方向，王庆杰等[302]研究表明多智能体遗传算法（MAGA）在多次迭代下能得到局部最优解。本节在多智能体遗传算法的基础上利用投影寻踪聚类获得最优投影方向向量和评价结果。经 MAGA - PPC 模型计

算，目标函数值 $Q_{(a)} = 16.92$，最优投影方向向量 $a =$（0.2395，0.5490，0.2499，0.0498，0.5520，0.2724，0.3048，0.2854）。最终评价矩阵 $A =$（0.3873，0.4910，0.5430，0.5667，0.5593）。

最优投影方向向量表明不同灌水定额下指标的相对重要程度，对于5种灌溉制度的评价，重要程度排序为：产量＞干籽粒质量＞水分利用效率＞作物系数。结果表明，基于2017年食葵试验数据，产量对评价灌溉制度的优劣最重要，产量重要程度优于水分利用效率。从最优投影方向还可以看出，为获得更优的食葵灌溉制度，提高食葵产量、干籽粒质量、水分利用效率和作物系数是关键。

评价结果显示，5种灌溉制度评价值由高到低顺序为W4＞W5＞W3＞W2＞W1，其中对W4处理评价最高。与其他处理相比，W4处理更有利于北疆地区食葵节水增产，与上文分析结果一致。同时也表明W5处理优于W3处理。

6.2 基于时序动态模型对膜下滴灌食葵增产潜能分析

6.2.1 灌水定额对食葵株高和单株叶片数的影响

不同灌水定额对食葵株高影响不同，如图6.3（a）所示，各处理食葵株高随时间延后而呈现出先增长后稳定态势。在苗后27～47d，各处理食葵株高均快速增大，各处理苗后47d较苗后27d株高增长倍数分别为2.7倍、3.3倍、3.2倍、3.6倍和4.7倍。其中W4处理植株最高，且较W1处理株高增长率为17.8%。在苗后47～57d，各处理食葵株高增长速度减缓，各处理苗后57d较47d株高增长率分别为18.1%、22.3%、21.2%、23.0%和26.2%。其中W4处理株高值最大，较W1处理增长率为23.3%。在苗后57～77d，W1～W4处理株高缓慢减小。与苗后57d相比，苗后77d W1～W4处理株高减小量占比分别为5.1%、5.2%、11.1%和10.3%，W5处理株高缓慢增大，增长率为6.3%。在苗后57d左右，W1、W2、W3和W4处理食葵株高达到最大值。在苗后77d，W5处理株高达到最大值。在苗后77～97d，W1、W2和W3处理株高趋于稳定，W4处理株高持续下降，W4处理株高减小量占比为4.9%，W5处理株高最大。苗后87d，W5处理株高开始减少，至苗后97d，减小量占比为1.8%。综上所述，食葵株高随灌水定额增加而增大，高灌水定额有效延长食葵株高增大时间。

在不同生育阶段食葵叶片数对不同灌水定额响应不同，如图6.3（b）所示。不同灌水定额下食葵叶片数表现为"双峰"变化规律。在苗后27～37d，不同灌水定额下食葵叶片数快速增大，叶片数增加速度最快。各处理叶片数增长率分别为 48.2%、44.3%、52.2%、54.4%和 43.4%。其中 W4 处理最多，W1 处理最少。W4 和 W5 处理较 W1 处理叶片数增长率分别为 8.1%和 4.3%。在苗后 37～47d，各处理叶片数量增加速度减缓，并在 47d 达到第一峰值，各处理叶片数增长率均在 2.0%～6.0%范围内，其中 W3 和 W4 处理最多，W1 处理最少。在苗后 47～77d，各处理叶片数量逐渐减少，各处理叶片数减小量占比分别为 13.2%、12.0%、19.1%、20.2%和 20.4%，并在苗后 77d 达到谷值，其中 W2 处理最多，W5 处理最少。在苗后 77～87d，各处理叶片数量表现为"单峰"规律，在苗后 87d 叶片数达到第二峰值。W1、W2、W3 和 W4 处理叶片数增长率均在 3.0%～4.0%范围内，W5 处理为 17.3%。其中 W5 处理最多，W1 处理最少。W5 处理较 W1 处理增长率为 11.2%。综上，适量的灌水定额具有促进食葵叶片数量增多的能力，低灌水定额限制食葵叶片增长。

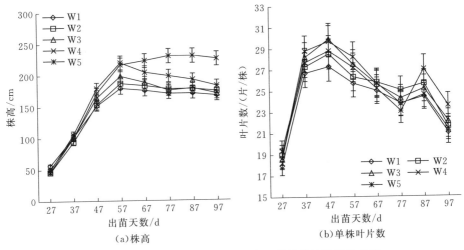

图 6.3　不同灌水定额下食葵株高和单株叶片数变化规律

6.2.2　灌水定额对食葵盘径和茎粗的影响

不同灌水定额对食葵盘径影响不同，各处理食葵盘径随时间延后而呈现先增长后稳定态势［图 6.4（a）］。在苗后 37d，各处理花盘逐渐出现，至 67d 各处理盘径快速增大，且在苗后 57～67d，各处理盘径增长速度最快。苗后 67d 较 47d 各处理盘径增长倍数分别为 3.7 倍、3.6 倍、3.7 倍、3.7 倍和 3.8 倍。其中 W4 处理最大，W2 处理最小，W4 处理较 W2 处理盘径增长率为 16.9%。此阶段 W5 处理与 W2 处理盘径相近；在苗后 67～97d，W2、W3 和 W4 处理盘径缓慢增加，盘径增长率分别为 22.2%、18.8%和 17.3%。其中 W4 处理最大，W2 处理最小，W4 处理较 W2 处理盘径增长率为 21.3%。在该时段 W1 处理盘径变化趋于平缓，其变化率（增长率或减少量占比）仅为 2.1%，在苗后 77d，W1 处理盘径达到最大值。在苗后 77～97d，W1 处理盘径略微减小；在苗后 67～97d，较其他处理，W5 处理盘径增大速度最快，其增长率为 37.8%。至苗后 97d，W5 处理最大，W1 处理最小，W5 处理较 W1 处理盘径增长率为 23.0%。综上，高灌水定额有利于食葵盘径增大，低灌水定额限制食葵盘径生长，缩短盘径增大时长的同时，出现盘径缩减态势。

在不同生育阶段食葵茎粗对不同灌水定额响应不同［图 6.4（b）］，与株高变化规律类似，随时间延后不同灌水定额下食葵茎粗表现为先增大后减小态势。在苗后 27～47d，各处理茎粗快速增长，各处理茎粗增长率分别为 36.6%、34.6%、35.1%、53.4% 和 46.0%。其中 W4 处理最大，W1 处理最小，W4 处理较 W1 处理茎粗增长率为 25.3%。该时段各处理茎粗与苗后 97d 茎粗占比分别为 95.5%、97.8%、100.0%、100.0% 和 97.8%。在苗后 47～67d，各处理茎粗缓慢增长，各处理茎粗增长率分别为 11.1%、10.8%、11.9%、9.4% 和 9.2%。其中 W4 处理最大，W1 处理最小，W4 处理较 W1 处理茎粗增长率为 28.7%。苗后 67～97d，各处理茎粗逐渐减小。与苗后 67d 相比，苗后 97d 各处理茎粗减少量占比分别为 5.8%、7.7%、14.0%、15.5% 和 7.0%。其中 W4 处理最大，W1 处理最小，W4 处理较 W1 处理茎粗增长率为 10.2%。综上，食葵茎粗随着灌水定额增大而增大，较低或较高的灌水定额不利于茎粗增大。由不同时段茎粗占比分析得，苗后 27～47d 是食葵茎粗主要生长阶段，且在苗后 47～67d，不同灌水定额对食葵茎粗影响最大。

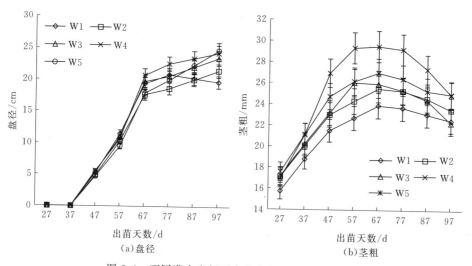

图 6.4 不同灌水定额下食葵盘径和茎粗变化规律

不同灌溉定额对食葵生长指标影响不同。与苗期相比，成熟期 W1～W5 处理株高增长倍数分别为 3.0 倍、3.8 倍、3.3 倍、3.7 倍和 4.8 倍，W5 处理株高增长量分别是 W1、W2、W3、W4 处理的 1.6 倍、1.4 倍、1.5 倍、1.4 倍。随着灌溉定额增大，W1~W5 处理叶片数增长率分别为 15.9%、14.2%、19.4%、13.7% 和 22.2%，W5 处理叶片增长量分别是 W1、W2、W3、W4 处理的 1.4 倍、1.6 倍、1.2 倍、1.6 倍。与苗期相比，成熟期 W1~W5 处理盘径增长倍数分别为 3.8 倍、4.4 倍、4.4 倍、4.4 倍和 5.3 倍，W5 处理盘径增长量分别是 W1、W2、W3、W4 处理的 1.4 倍、1.2 倍、1.1 倍、1.1 倍。从苗期—成熟期，W1、W2、W3、W4 和 W5 处理茎粗增长率分别为 42.6%、38.1%、30.4%、41.6% 和 48.2%。W5 处理茎粗增长量分别是 W1、W2、W3、W4 处理的 1.2 倍、1.3 倍、1.6 倍、1.1 倍。分析表明，食葵株高、叶片数、盘径和茎粗随着灌溉定额增加而增大，且高灌溉定额促进食葵株高和叶片数增长的效果较盘径和茎粗明显。

6.2.3　不同灌水定额下食葵生长指标与产量及耗水量的关系

由 6.2.1 节和 6.2.2 节分析发现，在生殖生长阶段 W5 处理食葵株高、叶片数和盘径的变化规律与其他处理不一致。由苗后 57~97d，各处理株高开始缓慢减小。与苗后 57d 相比，苗后 97d W1~W4 处理株高减小量占比分别为 6.8%、7.0%、14.2% 和 17.1%，W5 处理株高增长率为 4.2%。与苗后 77d 相比，苗后 97d W1~W4 处理叶片数减小量占比分别为 12.3%、13.9%、9.3% 和 9.8%，W5 处理叶片数增长率为 4.1%。与苗后 67d 相比，苗后 97d W1~W5 处理盘径增长率分别为 2.1%、22.2%、18.8%、17.3% 和 37.8%。与苗后 67d 相比，苗后 77~97d W1~W5 处理茎粗减小量占比分别为 4.9%、7.2%、12.3%、15.2% 和 5.0%。即在生殖生长阶段，W1~W4 处理食葵株高和叶片数均不同程度减小，W5 处理食葵株高和叶片数不减反增，该时段 W5 处理盘径仍以较高速度增大，其茎粗减小量最小。综上所述 W5 处理对食葵营养生长时段具有明显延长作用。

不同灌水定额下食葵生长指标与产量及其构成关系密切（表 6.5），其中株高、叶片数、盘径和茎粗取自 7 次灌溉后（即苗后 97d）食葵生长指标的数值，使得生长指标与产量及其构成间具备可比性。在全生育期，W1 和 W2 处理食葵株高、叶片数、盘径和茎粗均最小，W1 处理单盘干籽粒质量和百粒质量最低（表 6.5）；W4 和 W5 处理株高、叶片数、盘径和茎粗相对较大，其单盘干籽粒质量、百粒质量和产量最高。表明食葵生长指标和产量及其构成因素存在正向关系，即适宜灌水定额能促进食葵植株生长，且产量较优。

由表 6.5 可以看出，与其他处理相比，W5 处理有效促进食葵株高、叶片数和盘径增长，且在生育期末时刻 W5 处理株高、叶片数和盘径均最大，但 W5 处理食葵产量排名位列第二，出仁率最低。造成此现象的原因可能是：W5 处理对食葵营养生长时段具有明显延长作用，在生殖生长阶段，W5 处理食葵株高、叶片数和盘径继续生长，引起食葵籽粒灌浆不充分，最终导致 W5 处理灌水定额下食葵产量较低。

表 6.5 不同灌水定额下食葵生长指标与产量及其构成

处理		W1	W2	W3	W4	W5
生长指标	株高/cm	166.94d	174.11c	170.10c	182.26b	225.40a
	叶片数/(片/株)	21.00c	21.60bc	22.11b	21.38c	23.58a
	盘径/cm	19.70d	21.50c	23.50b	24.30ab	24.70a
	茎粗/mm	22.51b	23.52b	22.30b	24.95a	25.00a
产量及其构成	产量/(kg/hm²)	2707.49d	4036.15c	4531.86b	4781.86a	4642.59ab
	出仁率/%	43.75bc	48.99ab	47.75ab	47.45a	43.25c
	干籽粒质量/(盘/g)	101.48d	151.28c	169.86b	179.23a	174.01ab
	百粒质量/g	21.10c	23.95b	26.25a	27.20a	28.10a
	WUE/[kg/(hm²·mm)]	10.54b	14.48a	15.44a	14.37a	13.68ab

注 表中同一指标的不同小写字母表示存在差异显著性（$P<0.05$）。

结合不同灌水定额下食葵生长指标和耗水量变化曲线（图 6.5）可以看出，6 月上旬至 7 月中旬，各处理食葵耗水量均快速增长，各处理食葵株高、叶片数、茎粗和盘径快速增大。至 7 月中旬，各处理食葵株高占末时段株高 76.0%～98.0%，各处理叶片数和茎粗几乎达全生育期最大值；7 月中旬至 8 月中旬，各处理食葵耗水量虽出现波动态势但整体平稳，各处理食葵株高、叶片

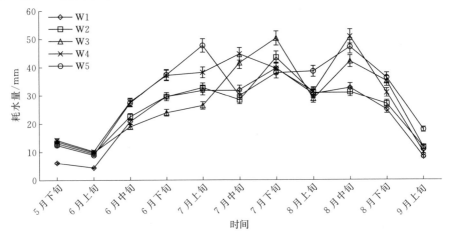

图 6.5 不同灌水定额对食葵耗水量的影响

数和茎粗虽有小幅度减小态势但整体平稳，各处理食葵盘径以较高速度增大；8月中旬至9月上旬，各处理耗水量均减小，同时各处理株高、叶片数和茎粗均减小，盘径缓慢增大。表明不同灌水定额食葵生长指标和耗水规律密切相关，在营养生长阶段，食葵株高、叶片数、盘径和茎粗随着食葵耗水量增加而增大。

与苗后57d相比，苗后97d W1～W4处理株高减小量占比分别为6.8%、7.0%、14.2%和17.1%；与苗后67d相比，苗后97d W1～W4处理食葵茎粗减小量占比分别为5.8%、7.7%、14.0%、15.5%；苗后57～97d（即7月下旬至9月上旬），W1和W2处理耗水量持续减少，W3和W4处理耗水量先增加后减小（图6.5）。表明不同灌水定额下食葵耗水量与株高和茎粗缩减量关系密切，较高灌水定额下食葵耗水量较高，且株高和茎粗缩减量较大；较低灌水定额下食葵耗水量偏低，且株高和茎粗缩减量较小。

6.2.4 不同灌水定额下食葵生长指标的时序动态评价

在不同灌水定额条件下，食葵不同生长态势对应不同产量，即通过不同食葵生长指标数据能确定与之对应的产量趋势。本节在不同灌水定额食葵生长指标的基础上，利用时序动态模型对各处理提高食葵产量和水分利用效率的能力（潜能）进行评价。

由第6.2.1节和第6.2.2节分析可得，苗期—初花期是食葵营养生长阶段，此阶段食葵株高、叶片数、盘径和茎粗属于效益型指标，即生长指标越大越好，选用效益型数据处理方法对苗后27～67d不同灌水定额下食葵生长指标数据进行预处理。从盛花期至成熟末期食葵应以生殖生长为主，食葵株高、叶片数和茎粗指标值较小或较大均不利于食葵增产，此阶段株高、叶片数、盘径和茎粗转变为区间型指标，选用区间型数据处理方法归一化苗后77～97d食葵生长指标数据。数据预处理结果见表6.6。

表 6.6   **2017年不同灌水定额下食葵生长指标数据预处理**

苗后天数 /d	指标	处 理				
		W1	W2	W3	W4	W5
	株高	1.000	0.086	0.474	0.319	0.066
27	叶数	0.257	0.714	0.429	0.500	1.000
	茎粗	0.172	0.740	0.775	1.000	0.657
	株高	0.644	0.159	0.593	1.000	0.559
37	叶数	0.254	0.286	0.714	1.000	0.476
	茎粗	0.062	0.216	0.244	1.000	0.385

苗后天数 /d	指标	处　理				
		W1	W2	W3	W4	W5
47	株高	0.109	0.069	0.462	1.000	0.722
	盘径	0.647	0.200	0.824	1.000	0.111
	叶数	0.210	0.462	1.000	0.923	0.577
	茎粗	0.079	0.275	0.307	1.000	0.592
57	株高	0.088	0.190	0.473	1.000	0.924
	盘径	1.000	0.423	0.769	0.615	0.097
	叶数	0.206	0.240	0.720	1.000	0.600
	茎粗	0.068	0.241	0.503	1.000	0.525
67	株高	0.074	0.159	0.271	0.608	1.000
	盘径	0.569	0.115	0.683	1.000	0.081
	叶数	0.625	1.000	0.750	0.875	0.250
	茎粗	0.085	0.285	0.364	1.000	0.555
77	株高	0.064	0.297	0.224	0.954	0.289
	盘径	1.000	0.094	1.000	1.000	0.710
	叶数	0.367	1.000	0.620	0.342	0.234
	茎粗	0.086	0.288	0.298	1.000	0.497
87	株高	0.064	0.232	0.261	0.692	0.284
	盘径	0.066	0.119	0.592	1.000	0.676
	叶数	0.136	0.779	0.390	0.088	0.733
	茎粗	0.082	0.471	0.503	0.914	0.780
97	株高	0.632	0.802	0.712	0.990	0.051
	盘径	0.051	0.445	0.886	1.000	0.910
	叶数	0.099	0.359	0.578	0.255	0.878
	茎粗	0.160	0.533	0.094	1.002	0.979

为体现数据自身客观性，本书选用熵值法[303]确定不同时刻食葵生长指标权重元素，为基于时序的动态评价做准备的同时，且能反映在不同苗后时刻食葵株高、叶片数、盘径和茎粗指标间相对重要性。权重元素见表6.7。

由表6.7可以看出，综合食葵株高、茎粗、叶片数和盘径生长指标，在苗后27d食葵以增大株高为主，茎粗和叶片数并进增大；在苗后37d，食葵以增加叶片数为主，株高和茎粗并进增长。结合图6.3（b）可知，在苗后37d各处理食葵叶片数基本增长到最大值，同时说明该阶段食葵以叶片增长为主；在苗后

47～77d，食葵以生长株高为主，盘径增大为次要；在苗后 87d 和 97d，食葵分别以增大盘径和茎粗为主。

表 6.7　　　　　　　　　不同时刻食葵生长指标权重元素

苗后天数/d	株高	茎粗	叶数	盘径
27	0.652	0.168	0.180	—
37	0.203	0.226	0.571	
47	0.350	0.127	0.276	0.246
57	0.322	0.185	0.292	0.201
67	0.348	0.085	0.250	0.317
77	0.368	0.159	0.293	0.180
87	0.231	0.271	0.178	0.319
97	0.214	0.232	0.321	0.234

利用线性加权综合模型进行第一次加权综合[304]，得到各时刻的不同灌水定额方案评价数值，见表 6.8。

表 6.8　　　　　　　各时刻下对不同灌水定额方案的评价值 $y_i(t_v)$

处理	苗后天数/d							
	27	37	47	57	67	77	87	97
W1	0.726	0.224	0.246	0.287	0.281	0.287	0.087	0.223
W2	0.310	0.220	0.208	0.261	0.248	0.369	0.387	0.530
W3	0.521	0.421	0.577	0.587	0.466	0.448	0.445	0.521
W4	0.472	1.000	0.990	0.923	0.853	0.878	0.666	0.824
W5	0.329	0.441	0.517	0.581	0.534	0.417	0.619	0.732

通过咨询相关专家得知本试验条件下取 "时间度" $\lambda = 0.1$，在遗传算法的基础上，通过式（2.45）非线性规划方程求得食葵全生育期中 8 个苗后时刻对应的权重向量元素，并构成时间权向量 $\boldsymbol{W_b} = (0.010, 0.021, 0.012, 0.001, 0.028, 0.022, 0.313, 0.549)^T$。在总迭代 30000 计算条件下，适应度曲线在 1000 次计算结果后适应度保持不变，该时间权向量具有高效度。

在第一次综合评价基础上，利用 TOWGA 算子，通过式（2.44）求得对 5 种不同灌水定额评价值，W1、W2、W3、W4 和 W5 处理评价值分别为 0.170、0.451、0.492、0.778 和 0.669。

在近期数据极其重要条件下（$\lambda = 0.1$），基于食葵生长指标，以节水增产为目的，运用 TOWGA 算子对 5 种不同灌溉制度提高产量和水分利用效率的能力排序。由评价结果看出，5 种不同灌水定额评价值由大到小排序为：W4＞W5＞

W3＞W2＞W1。排序结果表明不同灌水定额下食葵生长状况可以分为 3 组，第 1 组包括 W4 和 W5 处理，该组处理下食葵植株综合长势优于其他处理，具有提高作物水分利用效率和产量的潜能；第 2 组包括 W3 和 W2 处理，该组处理下食葵植株综合长势处于中等水平，促进作物水分利用效率和食葵产量增加的能力有限；第 3 组为 W1 处理，该组处理食葵植株生长状况处于劣势，无高产潜能。

6.3　小　　结

6.3.1　灌水定额对食葵耗水特征及产量的影响

（1）不同灌水定额下食葵耗水量、耗水强度、耗水模数和作物系数随着灌水定额增加而增大，当灌水定额继续增加，耗水量、耗水强度、耗水模数和作物系数增大效应减弱。与其他生育阶段相比，在现蕾期和成熟初期，52.5～60.0mm 灌水定额对食葵耗水量、耗水强度和作物系数影响更大。30.0mm 灌水定额促使食葵耗水量提前稳定并减小。食葵盘径、产量和水分利用效率随着灌水定额的增加而增大，适宜的灌水定额有利于产量和水分利用效率的增大，当灌水定额持续增加，产量和水分利用效率降低。

（2）37.5mm 灌水定额有利于食葵出仁率增大。52.5mm 灌水定额产量和水分利用效率最大，选用 52.5mm 灌水定额对大田食葵灌溉具有较好的节水增产效果。通过基于多智能体遗传算法对不同灌水定额下食葵产量和耗水的投影寻踪聚类评价，结果得出，对 52.5mm 灌水定额评价最高，52.5mm 灌水定额有利于北疆地区食葵节水增产，评价结果与大田试验分析结果一致。

6.3.2　灌水定额对食葵增产潜能的影响

（1）不同灌水定额显著影响食葵生长指标。随着灌水定额增加，食葵株高、叶片数、盘径和茎粗逐渐增大，30.0mm 灌水定额限制食葵植株生长，52.5～60.0mm 灌水定额促进食葵生长指标增长效果明显。与盘径和茎粗相比，高灌水定额更有利于促进食葵株高和叶片数增长。

（2）食葵生长指标和产量存在正向关系，即适宜灌水定额下长势较优的食葵植株具有高产潜能。60.0mm 灌水定额增大食葵营养生长时间跨度，不利于食葵增产。在营养生长阶段，食葵株高、叶片数、盘径和茎粗随着食葵耗水量增加而增大。与低灌水定额相比，高灌水定额下食葵耗水量较高，且株高和茎粗缩减量较大。

（3）评价结果表明时序动态评价模型适用于大田试验评价分析，为基于动静态指标的大田试验综合分析提供参考。预测结果显示 30.0mm 灌水定额食葵提高产量和水分利用效率的潜能较小，52.5mm 灌水定额食葵综合长势最优，具备高产量和高水分利用效率的潜能大。选择 52.5mm 灌水定额可以满足实际食葵种植节水增产的要求。

第7章 多砾石砂土浅埋式滴灌苜蓿耗水及灌溉制度的研究

7.1 灌水定额对浅埋式滴灌苜蓿耗水及产量的影响

7.1.1 不同灌水定额对苜蓿耗水强度的影响

由图 7.13 的茬苜蓿各生育期的耗水强度可知，不同灌水定额下各茬苜蓿的耗水强度在全生育期内均呈倒立的 V 形趋势变化，不同生育阶段耗水强度由高至低排序为：孕蕾期＞初花期＞盛花期＞分枝期＞返青期。孕蕾期对应的耗水强度分别为：第 1 茬 3.13～4.69mm/d，第 2 茬 3.84～6.34mm/d，第 3 茬 2.30～3.46mm/d。这是因为孕蕾期植株生长最快，每天株高增长 1～2cm；说明孕蕾期是浅埋式滴灌苜蓿的生长需水关键期。开花期是植株生物量积累的重要时期，因此该时期耗水强度较大；盛花期是收获干草的最佳时期，也是生物量进一步积累的时期，因此该时期耗水强度大于分枝期和返青期。随气温与日照时

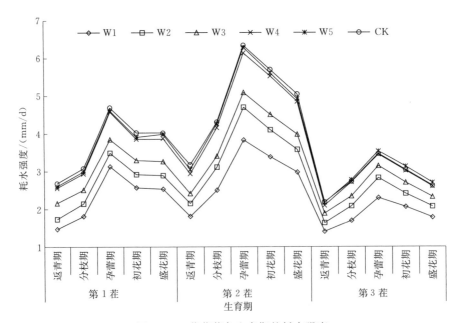

图 7.1 3 茬苜蓿各生育期的耗水强度

数等气象因素的增加，不同灌水处理下各茬苜蓿对应生育期的耗水强度表现为：第 2 茬＞第 1 茬＞第 3 茬。当灌水定额由 W1 增加到 W4 时，耗水强度增加幅度为 0.21～1.05mm/d；W4、W5 与 CK 的耗水强度大小相近。说明灌水定额大于 W4 时，灌水定额的增加对耗水强度的影响可以忽略不计；且 W4 灌水定额的耗水强度接近于 CK。

7.1.2 不同灌水定额对苜蓿耗水量的影响

由表 7.1 苜蓿各生育期耗水量可知，各茬次苜蓿的耗水量以及总耗水量与灌水定额之间存在线性关系。同梯度灌水定额增加的条件下总耗水量增加率分别为：19%、12%、13%、5%，且 W4 与 CK 之间增加率仅为 6%。经 LSD 法分析，W4、W5 灌水定额与 CK 之间的各生育期耗水量、各茬苜蓿总耗水量以及 3 茬苜蓿总耗水量均无显著差异（$P < 0.05$）；以 W4 灌水定额为界限，低灌水定额与高灌水定额差异显著（$P < 0.05$），且低灌水定额与 CK 差异显著（$P < 0.05$）。说明当灌水定额大于 W4 处理时，单纯地增加灌水定额对耗水量的增加不显著。不同灌水定额下随生育期的推进各茬苜蓿的耗水量变化趋势均为单峰变化；因气温、光照时数和相对湿度等气象因素影响，导致各茬苜蓿生育期的时间长短不一，故各茬苜蓿耗水量的峰值出现的生育期也不一致。第 1 茬各处理耗水量峰值出现在孕蕾期；第 2 茬各处理耗水量峰值出现在分枝期；第 3 茬各处理耗水量峰值出现在初花期。每茬苜蓿生长的气象环境的差异，间接影响了生育期的时间长短，最终导致各茬苜蓿的总耗水量表现为：第 2 茬＞第 3 茬＞第 1 茬。

表 7.1　　　　　　　　　　苜蓿各生育期耗水量　　　　　　　　单位：mm

生育期		W1	W2	W3	W4	W5	CK
第 1 茬	返青期	13.24± 0.29a	15.61± 0.42b	19.42± 1.60c	23.03± 2.16d	23.42± 0.11de	24.12± 4.01d
	分枝期	21.76± 0.24a	25.76± 0.56b	30.14± 0.71c	35.28± 1.59d	35.93± 1.27d	36.95± 0.47de
	孕蕾期	25.03± 0.22a	27.94± 0.49ab	30.81± 0.82b	36.64± 1.31c	36.88± 0.92cd	37.52± 0.09cd
	初花期	10.28± 0.32a	11.68± 0.25a	13.18± 0.37b	15.44± 0.55c	15.64± 0.54c	16.11± 0.24cd
	盛花期	10.14± 0.21a	11.57± 0.42a	13.05± 1.31b	15.52± 1.61c	15.96± 1.34c	16.09± 0.21cd
	合计	80.45± 1.32a	92.55± 1.54b	106.59± 1.73bc	125.91± 1.94d	127.83± 2.01d	130.79± 1.95de

生育期		W1	W2	W3	W4	W5	CK
第2茬	返青期	14.48± 0.15a	17.23± 0.72b	19.31± 1.24c	23.52± 0.18d	24.40± 0.59de	25.41± 0.71de
	分枝期	27.54± 1.34a	34.23± 0.43b	37.46± 0.27bc	45.76± 1.15d	46.97± 0.56de	47.39± 0.11de
	孕蕾期	23.01± 0.94a	28.20± 1.55b	30.55± 1.61bc	36.84± 0.67d	37.74± 0.28d	38.05± 0.37de
	初花期	13.54± 0.41a	16.41± 0.82b	18.03± 1.85bc	22.12± 0.46d	22.44± 0.35d	22.80± 0.22de
	盛花期	8.93± 1.13a	10.74± 0.12b	11.95± 0.76bc	14.55± 0.31d	14.76± 0.37d	15.14± 0.19de
	合计	87.50± 1.54a	106.82± 0.88ab	117.31± 2.34bc	142.79± 1.21d	146.31± 3.52d	148.79± 0.74de
第3茬	返青期	9.82± 0.14a	11.44± 1.62b	13.22± 0.28c	14.67± 0.11d	15.22± 0.34de	15.30± 0.26de
	分枝期	16.94± 1.36a	20.81± 0.29b	23.43± 1.15c	27.15± 0.53d	27.73± 0.72de	27.32± 1.41d
	孕蕾期	18.37± 0.77a	22.61± 1.87b	25.14± 1.38c	27.55± 0.59d	28.26± 2.19de	27.70± 1.34d
	初花期	22.66± 1.06a	26.51± 0.49b	29.73± 1.52c	33.18± 1.74d	34.40± 0.84de	33.42± 1.93d
	盛花期	17.80± 0.69a	20.71± 1.61b	23.24± 1.28c	26.00± 2.45d	26.98± 0.84de	26.19± 1.94d
	合计	85.59± 2.97a	102.08± 1.06ab	114.77± 4.28bc	128.54± 2.17d	132.58± 3.61de	129.93± 0.79d
总耗水量		253.54± 3.79a	301.44± 8.67b	338.67± 0.88c	397.24± 1.76d	406.72± 2.51d	409.51± 0.57de

注 同行数据后不同小写字母表示各处理间差异显著（$P<0.05$），数据后"±"表示平均数加减标准差。

7.1.3 不同灌水定额对苜蓿水分利用效率与产量的影响

由表 7.2 不同灌水定额对苜蓿产量、耗水量与 WUE 的影响可知，随同等梯度灌水量的增加，各茬苜蓿耗水量与总耗水量的增幅基本上呈递减的趋势。CK 的耗水量最大，高灌水定额（W4、W5）与 CK 之间的耗水量差异不显著（$P<0.05$），但与低灌水定额（W1、W2、W3）差异显著（$P<0.05$）。各茬苜蓿产量、WUE 以及总产量、总 WUE 均与灌水定额存在单峰关系，均在 W4 灌水定额达到最大；高灌水定额与低灌水定额差异显著（$P<0.05$），且高灌水定额与 CK 之间无显著差异（$P<0.05$）。W4 灌水定额苜蓿的总干草产量为 16873.65kg/hm^2，与 W1、W2、W3、W5、CK 的差幅分别为 43.97%、32.11%、21.55%、6.98%、9.05%。W4 灌水定额苜蓿的平均 WUE 为 42.52kg/(hm^2·mm)，比 W5、CK 分别高 9.93%、13.26%。

表 7.2   不同灌水定额对苜蓿产量、耗水量与 WUE 的影响

	处理	W1	W2	W3	W4	W5	CK
第1茬	产量/(kg/hm^2)	3001.05±87.16c	3601.95±157.34c	4402.35±148.25b	5452.80±136.10a	5252.70±143.13a	5152.20±91.84a
	耗水量/mm	80.45±1.32a	92.55±1.54b	106.59±1.73bc	125.91±1.94d	127.83±2.01d	130.79±1.95de
	WUE/[kg/(hm^2·mm)]	37.3±0.58c	38.92±0.36c	41.3±0.44b	43.31±0.31a	41.09±1.15ab	39.39±0.97ab
第2茬	产量/(kg/hm^2)	3252.00±59.1d	4152.45±137.25cd	4732.65±118.71bc	5928.15±168.05a	5401.20±148.47ab	5342.10±76.85ab
	耗水量/mm	87.50±1.54a	106.82±0.88ab	117.31±2.34bc	142.79±1.21d	146.31±3.52d	148.79±0.74de
	WUE/[kg/(hm^2·mm)]	37.17±0.25c	38.87±0.65bc	40.34±0.49b	41.52±1.27a	36.92±0.82a	35.9±0.71ab
第3茬	产量/(kg/hm^2)	3201.60±102.17c	3701.85±107.66c	4102.05±124.58bc	5492.70±171.25a	5042.55±93.95ab	4852.05±136.20ab
	耗水量/mm	85.59±2.97a	102.08±1.06ab	114.77±4.28bc	128.54±2.17d	132.58±3.61de	129.93±0.79d
	WUE/[kg/(hm^2·mm)]	37.41±0.97b	36.26±0.76c	35.74±0.43cd	42.73±0.68a	38.03±0.57ab	37.34±1.04ab
总产量/(kg/hm^2)		9454.65±126.61c	11456.25±111.35bc	13237.05±151.46b	16873.65±125.35a	15696.45±132.38a	15346.35±121.13a
总耗水量/mm		253.54±3.79a	301.44±8.67b	338.67±0.88c	397.24±1.76d	406.72±2.51d	409.51±0.57de
WUE/[kg/(hm^2·mm)]		37.29±1.03c	38.01±1.14bc	39.13±1.27b	42.52±1.16a	38.68±1.32ab	37.54±1.38ab

注   同行数据后不同小写字母表示各处理间差异显著（$P<0.05$），数据后"±"表示平均数加减标准差。

7.2　浅埋式滴灌苜蓿灌溉制度

7.2.1　不同灌水处理苜蓿根区土壤水分分布

以7月1日灌前、7月4日灌后（7月2日灌水）滴头正下方的土壤水分垂向分布来分析不同灌水处理苜蓿根区土壤水分动态，各处理灌水前后苜蓿根区土壤水分垂向分布如图7.2所示。滴灌各处理中，W2土壤水分入渗深度在50cm

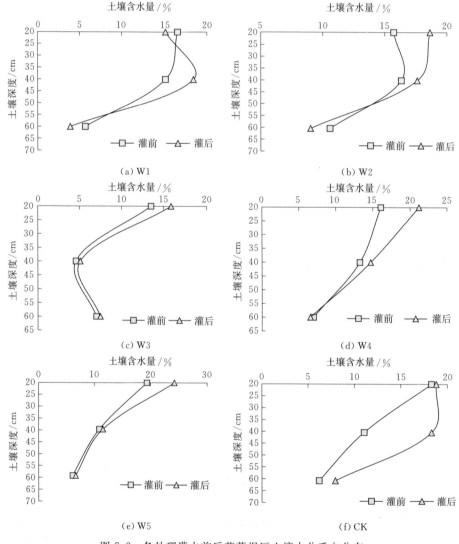

图 7.2　各处理灌水前后苜蓿根区土壤水分垂向分布

左右，W1 和 W4 处理土壤水分入渗深度在 55cm 左右；W1、W2 处理 60cm 深度的灌后土壤含水量较灌前小［图 7.2（a）、（b）］，表明 W1、W2 的灌溉水入渗深度未达到 60cm；W3、W4 和 W5 处理 60cm 深度灌后土壤含水量与灌前基本一致［图 7.2（c）、（d）、（e）］，表明 3 个处理的土壤水分下渗深度未超过 60cm；CK 处理 60cm 深度的灌后土壤含水量较灌前大，表明地面灌处理灌溉水的入渗深度超过了 60cm；结合试验区的土壤情况，同时考虑苜蓿根系深度，采用传统的地面灌容易造成灌溉水的深层渗漏。

7.2.2　不同灌水处理对苜蓿株高的影响

由表 7.3 可知，6 月 28 日—7 月 17 日的 3 次测定结果显示除 W3 处理外，滴灌各处理苜蓿株高均随灌水定额的增加而增大，且无显著性差异，表明滴灌条件下，6 月下旬至 7 月中旬灌水定额未对苜蓿株高产生显著性影响。分析认为，该时期试验地的苜蓿处于分枝现蕾期，营养与生殖生长并进，因此灌水定额更多地影响生殖生长。方差分析还表明，在 7 月 29 日的测定结果显示滴灌处理 W3、W4、W5（即灌水定额分别为 37.5mm，45.0mm，52.5mm）的苜蓿株高与 CK 处理差异显著，W4 处理与 W1、W2、W3、W5 处理的株高差异均达到了显著水平，表明 W4 处理增加苜蓿株高的效果最显著。

表 7.3　　　　　　　　　　　不同灌水处理对苜蓿株高的影响

测定日期	W1	W2	W3	W4	W5	CK
6 月 28 日	17.1±4.6a	18.4±4.6a	18.7±4.6a	18.4±2.9a	18.5±3.8a	17.2±4.3a
7 月 8 日	23.6±4.6a	24.9±4.0a	25.2±4.6a	25.7±2.9a	26.4±3.7a	26.2±4.2a
7 月 17 日	30.1±3.9a	32.7±6.4a	29.6±3.5a	33.0±4.3a	35.6±4.9a	35.2±4.8a
7 月 29 日	38.4±5.8de	42.3±5.4cde	47.6±4.7bc	55.2±5.4a	51.6±4.9ab	38.2±4.7e

注　同列数据后不同小写字母表示各处理间差异显著（$P<0.05$），数据后"±"表示平均数加减标准差。

7.3　小　　结

（1）耗水强度增加趋势随灌水定额的增加逐渐减缓，灌水定额大于 45.0mm 后，单纯地增加灌水定额对耗水强度的影响可以忽略不计。45.0mm 与 52.5mm 灌水定额处理间耗水量无显著性差异，且均与 CK 处理无显著性差异。苜蓿总产量和平均 WUE 在 45.0mm 灌水定额处最优，总产量比 52.5mm 灌水定额和 CK 处理分别高 6.98%、9.05%，平均 WUE 比 52.5mm 灌水定额和 CK 处理分别高 9.93%、13.26%。

（2）滴灌各处理苜蓿根区土壤水分入渗深度均未超过 60cm，若地面灌土壤水分入渗深度明显超过了 60cm，易造成深层渗漏。苜蓿产量、*WUE* 与灌水定额之间的变化关系较好地反映了灌溉水量的"报酬递减"规律，当灌溉量达到某一临界值后，产量与 *WUE* 随着灌溉量的增大反而下降。

（3）综合考虑土壤剖面的水分分布、苜蓿根系层深度、产量与灌溉水利用效率等指标。在多砾石砂土土壤质地条件下，灌水定额为 45.0mm，灌溉定额为 540mm 的灌溉制度最适宜该地区浅埋式滴灌苜蓿产量的积累与水资源的合理应用。

参 考 文 献

［1］ Hsiao T C，Heng L，Steduto P，et al. AquaCrop - The FAO crop model to simulate yield response to water：Ⅲ. Parameterization and testing for maize ［J］. Agronomy Journal，2009，101（3）：426 - 437.

［2］ 段爱旺，张寄阳. 中国灌溉农田粮食作物水分利用效率的研究 ［J］. 农业工程学报，2000，16（4）：41 - 44.

［3］ 张芮，成自勇. 调亏对膜下滴灌制种玉米产量及水分利用效率的影响 ［J］. 华南农业大学学报，2009，30（4）：98 - 101.

［4］ 李晶，王俊杰，陈金木. 新疆水权改革经验与启示 ［J］. 中国水利，2017（13）：17 - 19.

［5］ 吴泳辰，韩国君，陈年来. 调亏灌溉对加工番茄产量、品质及水分利用效率的影响 ［J］. 灌溉排水学报，2016，35（7）：104 - 107.

［6］ 莫俊明. 金沟河流域农业水资源优化配置研究 ［D］. 乌鲁木齐：新疆农业大学，2011.

［7］ Skaggs T H，Trout T J，Simunek J，et al. Comparison of HYDRUS - 2D simulations of drip irrigation with experimental observations ［J］. Journal of Irrigation & Drainage Engineering，2004，130（4）：304 - 310.

［8］ Zhang B，Yang T R，Chen B，et al. China's regional CH₄ emissions：characteristics，interregional transfer and mitigation policies ［J］. Applied Energy，2016，184（19）：1184 - 1195.

［9］ 张俊鹏，孙景生，刘祖贵，等. 不同水分条件和覆盖处理对夏玉米籽粒灌浆特性和产量的影响 ［J］. 中国生态农业学报，2010，18（3）：501 - 506.

［10］ Zhu W，Li H J，Qu H C，et al. Water stress in maize production in the dry lands of the loess plateau ［J］. Vadose Zone Journal，2018，17（1）：1 - 14.

［11］ 张坤. 不同灌溉量和滴灌频率对加工番茄生长、产量和品质的调控效应 ［D］. 石河子：石河子大学，2018.

［12］ 冯泽洋. 调亏灌溉对滴灌甜菜生理性能和产量的影响 ［D］. 呼和浩特：内蒙古农业大学，2017.

［13］ 张淑杰，张玉书，纪瑞鹏，等. 水分胁迫对玉米生长发育及产量形成的影响研究 ［J］. 中国农学通报，2011，27（12）：68 - 72.

［14］ Yuan Z Q，Zhang R，Wang B X，et al. Film mulch with irrigation and rainfed cultivations improves maize production and water use efficiency in Ethiopia ［J］. Annals of Applied Biology，2019，175（2）：215 - 227.

［15］ 赖先齐，王江丽，程莲，等. 亚洲中部干旱区主要绿洲滴灌技术适宜性分析 ［J］. 干旱区资源与环境，2018，32（12）：104 - 109.

［16］ Liu J L，Bu L D，Zhu L，et al. Optimizing plant density and plastic film mulch to increase maize productivity and water - use efficiency in semiarid areas ［J］. Agronomy Journal，2014，106（4）：1138 - 1146.

[17] 徐剑，赵经华，马英杰，等．打瓜生长指标和产量对不同灌水定额的响应［J］．灌溉排水学报，2018，37（9）：16-21．

[18] 徐国伟，王贺正，陈明灿，等．水肥耦合对小麦产量及根际土壤环境的影响［J］．作物杂志，2012（1）：35-38．

[19] 栗丽，洪坚平，王宏庭，等．水氮处理对冬小麦生长、产量和水氮利用效率的影响［J］．应用生态学报，2013，24（5）：1367-1373．

[20] 姜东燕，于振文．水氮互作对冬小麦产量和水分利用率的影响［J］．湖北农业科学，2007，46（5）：699-701．

[21] 杨晓亚，于振文，许振柱．灌水量和灌水时期对小麦耗水特性和氮素积累分配的影响［J］．生态学报，2009，29（2）：846-853．

[22] 刘虎，苏佩凤，郭克贞，等．北疆干旱荒漠地区春小麦与苜蓿灌溉制度研究［J］．中国农学通报，2012，28（3）：187-190．

[23] 柳唐镜，汪李平．籽瓜（籽用西瓜）产业前景展望［J］．北京农业，2007（32）：13-15．

[24] 李燕．北屯垦区打瓜加压滴灌高产栽培技术［J］．农村科技，2017（4）：41-42．

[25] 黑力木别克·马山．探讨打瓜滴灌种植及管理技术［J］．农技服务，2017，34（8）：34-35．

[26] 许秀，戴爱梅．绿色食品膜下滴灌打瓜栽培模式［J］．农民致富之友，2017（6）：173-223．

[27] 蒋德莉，任志强，田宇，等．铺膜铺管气吸式打瓜精量播种机的设计［J］．新疆农机化，2016（6）：8-11．

[28] 杨东明，阿依丁·托，古丽娜孜，等．打瓜高产综合机械化示范推广［J］．新疆农机化，2007（1）：30-31．

[29] 刘双玲．打瓜生产全程机械化技术在阿勒泰地区的示范推广［J］．新疆农机化，2011（3）：21-22．

[30] 郝邵英．浅析阿勒泰地区打瓜种植技术［J］．农民致富之友，2016（18）：176．

[31] 张晓红．基于虚拟样机的打瓜捡拾脱籽联合收获机的研究［J］．农机化研究，2017，39（7）：192-195．

[32] 曹晓倩，杨慧，谢新民，等．超声波辅助法提取打瓜多糖工艺研究［J］．分析仪器，2016，（5）：48-52．

[33] Arnon I. Physiological principles of dryland crop production［J］．Physiological Aspects of Dryland Farming. U. S. gupta Ed，1975：37-38．

[34] 付秋萍．黄土高原冬小麦水氮高效利用及优化耦合研究［D］．北京：中国科学院研究生院（教育部水土保持与生态环境研究中心），2013．

[35] 韩占江，于振文，王东，等．调亏灌溉对冬小麦耗水特性和水分利用效率的影响［J］．应用生态学报，2009，20（11）：2671-2677．

[36] 易镇邪，王璞，刘明，等．不同类型氮肥与施氮量下夏玉米水、氮利用及土壤氮素表观盈亏［J］．水土保持学报，2006，20（1）：63-67．

[37] 赵满兴，周建斌，杨绒，等．不同施氮量对旱地不同品种冬小麦氮素累积、运输和分配的影响［J］．植物营养与肥料学报，2006，12（2）：143-149．

[38] 姜东燕，于振文，许振柱．灌溉量和施氮量对冬小麦产量和土壤硝态氮含量的影响［J］．应用生态学报，2011，22（2）：364-368．

［39］ 杨荣，苏永中. 水氮配合对绿洲沙地农田玉米产量、土壤硝态氮和氮平衡的影响［J］. 生态学报，2009，29（3）：1459－1469.

［40］ 陈凯丽，赵经华，马英杰，等. 不同水氮处理对阿勒泰地区滴灌春小麦生长、产量及水氮利用的影响［J］. 新疆农业大学学报，2017，40（2）：85－91.

［41］ 朱兆良. 农田中氮肥的损失与对策［J］. 土壤与环境，2000，9（1）：1－6.

［42］ 叶优良，王桂良，朱云集，等. 施氮对高产小麦群体动态、产量和土壤氮素变化的影响［J］. 应用生态学报，2010，21（2）：351－358.

［43］ 李晓航，杨丽娟，盛坤，等. 不同灌水处理下小麦干物质分配、转运及其产量的研究［J］. 中国农学通报，2015，31（30）：33－37.

［44］ 张玉书，米娜，陈鹏狮，等. 土壤水分胁迫对玉米生长发育的影响研究进展［J］. 中国农学通报，2012，28（3）：1－7.

［45］ 宋常吉，郑旭荣，王振华，等. 北疆滴灌复播青贮玉米耗水规律初步研究［J］. 节水灌溉，2012（8）：19－22.

［46］ Kang S Z，Shi W J，Zhang J H. An improved water－use efficiency for maize grown under regulated deficit irrigation［J］. Field Crops Research，2000，67（3）：207－214.

［47］ 胡建强，赵经华，马英杰，等. 不同灌水定额对膜下滴灌玉米的生长、产量及水分利用效率的影响［J］. 水资源与水工程学报，2018，29（5）：249－254.

［48］ 沈东萍. 灌溉频率对新疆膜下滴灌高产（≥15000kg/hm²）春玉米生长发育及产量效应的影响研究［D］. 石河子：石河子大学，2018.

［49］ Ali S，Jan A，Manzoorb，et al. Soil amendments strategies to improve water－use efficiency and productivity of maize under different irrigation conditions［J］. Agricultural Water Management，2018，210（14）：88－95.

［50］ Bai W，Sun Z X，Zheng J M，et al. Furrow loose and ridge compaction plough layer improves spring maize yield and water use efficiency［J］. Transactions of the Chinese Society of Agricultural Engineering，2014，30（21）：81－90.

［51］ 李英，蒋菊芳，丁文魁，等. 不同水分处理对春玉米水分动态和株高的影响［J］. 中国农学通报，2017，33（27）：1－7.

［52］ 赵楠，黄兴法，任夏楠，等. 宁夏引黄灌区膜下滴灌春玉米需水规律试验研究［J］. 灌溉排水学报，2014，33（4）：31－34.

［53］ 翟超，周和平，赵健. 北疆膜下滴灌玉米年际需水量及耗水规律［J］. 中国农业科学，2017，50（14）：2769－2780.

［54］ 张乐，尹娟，王怀博，等. 不同灌水处理对玉米生长特性及水分利用效率的影响［J］. 灌溉排水学报，2018，37（2）：24－29.

［55］ 刘虎，魏永富，郭克贞. 北疆干旱荒漠地区青贮玉米需水量与需水规律研究［J］. 中国农学通报，2013，29（33）：94－100.

［56］ 于文颖，纪瑞鹏，冯锐，等. 不同生育期玉米叶片光合特性及水分利用效率对水分胁迫的响应［J］. 生态学报，2015，35（9）：2902－2909.

［57］ 冯保清，雷慧闽，吕华芳. 位山灌区冬小麦及夏玉米群体水分利用效率分析［J］. 灌溉排水学报，2013，32（3）：29－32.

［58］ 任丽雯，王兴涛，刘明春，等. 干旱胁迫对土壤水分动态及玉米水分利用效率影响研究［J］. 中国农学通报，2015，31（32）：142－147.

[59] Cakir R. Effect of water stress at different development stages on vegetative and reproductive growth of corn [J]. Field Crops Research, 2004, 89 (1): 1-16.

[60] 李叶蓓, 陶洪斌, 王若男, 等. 干旱对玉米穗发育及产量的影响 [J]. 中国生态农业学报, 2015, 23 (4): 383-391.

[61] 范雅君, 吕志远, 田德龙, 等. 河套灌区玉米膜下滴灌灌溉制度研究 [J]. 干旱地区农业研究, 2015, 33 (1): 123-129.

[62] 李蔚新, 王忠波, 张忠学, 等. 膜下滴灌条件下玉米灌溉制度试验研究 [J]. 农机化研究, 2016, 38 (1): 196-200.

[63] 唐光木, 何红, 杨金钰, 等. 灌溉定额对膜下滴灌玉米生理性状及产量的影响 [J]. 水土保持研究, 2014, 21 (3): 293-297.

[64] 肖俊夫, 刘战东, 段爱旺, 等. 中国主要农作物分生育期 Jensen 模型研究 [J]. 节水灌溉, 2008 (7): 1-3, 8.

[65] 谢夏玲. 膜下滴灌玉米的需水规律及其产量效应研究 [D]. 兰州: 甘肃农业大学, 2007.

[66] 李佳佳, 刘朝巍, 王克如, 等. 灌溉量对新疆滴灌密植高产春玉米光合特性及产量的影响 [J]. 玉米科学, 2017, 25 (1): 107-112.

[67] 刘梅先, 杨劲松, 李晓明, 等. 膜下滴灌条件下滴水量和滴水频率对棉田土壤水分分布及水分利用效率的影响 [J]. 应用生态学报, 2011, 22 (12): 3203-3210.

[68] 张志刚, 李宏, 李疆, 等. 地表滴灌条件下滴头流量对土壤水分入渗—再分布过程的影响 [J]. 干旱地区农业研究, 2016, 34 (2): 224-231.

[69] 赵颖娜, 汪有科, 马理辉, 等. 原状土滴灌条件下水分再分布过程研究 [J]. 灌溉排水学报, 2010, 29 (2): 44-49.

[70] 马波, 田军仓. 基于 Jensen 模型的压砂地西瓜灌溉制度优化研究 [J]. 干旱地区农业研究, 2016, 34 (6): 123-129, 155.

[71] Stricevic R, Cosic M, Djurovic N, et al. Assessment of the FAO AquaCrop model in the simulation of rainfed and supplementally irrigated maize, sugar beet and sunflower [J]. Agricultural Water Management, 2011, 98 (10): 1615-1621.

[72] Steduto P, Hsiao T C, Raes D, et al. AquaCrop—The FAO crop model to simulate yield response to water: I. Concepts and Underlying Principles [J]. Agronomy Journal, 2009, 101 (3): 426-437.

[73] 赵引, 毛晓敏, 薄丽媛. 覆膜和灌水处理下土壤水分动态与玉米生长模拟研究 [J]. 农业机械学报, 2018, 49 (9): 195-204.

[74] 易杰忠, 董全才, 吴杰, 等. 磷钾肥对强筋小麦产量和品质的影响 [J]. 中国农学通报, 2005, 21 (11): 232-234.

[75] 周凌云, 李卫民. 水肥 (氮) 条件对小麦产量综合效应研究 [J]. 土壤通报, 2003, 34 (4): 291-294.

[76] 米合古丽·热合木提. 不同水肥处理对春小麦产量和品质的影响 [D]. 乌鲁木齐: 新疆农业大学, 2010: 23-24.

[77] 潘庆民, 于振文. 追氮时期对冬小麦籽粒品质和产量的影响 [J]. 麦类作物学报, 2002, 22 (2): 65-69.

[78] 李科江, 李保国, 胡克林, 等. 不同水肥管理对冬小麦灌浆影响的模拟研究 [J]. 植物

营养与肥料学报，2004，10（5）：449 – 454.

[79] 仲爽，李严坤，任安，等. 不同水肥组合对玉米产量与耗水量的影响 [J]. 东北农业大学学报，2009，40（2）：44 – 47.

[80] 王琦，李锋瑞. 灌溉与施氮对黑河中游新垦农田土壤硝态氮积累及氮素利用率的影响 [J]. 生态学报，2008，28（5）：2148 – 2159.

[81] 翟丙年，李生秀. 冬小麦水氮配合关键期和亏缺敏感期的确定 [J]. 中国农业科学，2005，38（6）：1188 – 1195.

[82] Halvorson A D, Nielsen D C, Reule C A. Nitrogen fertilization and rotation effects on no – till dryland wheat production. [J]. American society of Agronomy，2004，96（4）：1196 – 1201.

[83] 谢英荷，李廷亮，洪坚平，等. 施氮和垄膜沟播种植对晋南旱地冬小麦水分利用的影响 [J]. 应用生态学报，2011，22（8）：2038 – 2044.

[84] 王兵，朱宁. 不良贷款约束下的中国银行业全要素生产率增长研究 [J]. 经济研究，2011，46（5）：32 – 45.

[85] 王凤新，冯绍元，黄冠华. 喷灌条件下冬小麦水肥耦合效应的田间试验研究 [J]. 灌溉排水，1999，（1）：11 – 14.

[86] 詹卫华，黄冠华，冯绍元，等. 喷灌条件下花生玉米间作的水肥耦合效应 [J]. 中国农业大学学报，1999，4（4）：35 – 39.

[87] 盛钰，赵成义，贾宏涛. 水肥耦合对玉米田间土壤水分运移的影响 [J]. 干旱区地理，2005，28（6）：811 – 817.

[88] 李法云，郑良，宋丽. 辽西半干旱区水肥耦合作用对土壤水分动态变化的影响 [J]. 辽宁大学学报（自然科学版），2003，30（1）：7 – 12.

[89] Fan T, Wang S, Tang X, et al. Grain yield and water use in a long – term fertilization trial in Northwest China [J]. Agricultural Water Management，2005，76（1）：36 – 52.

[90] Fan T, Stewart B A, Yong W, et al. Long – term fertilization effects on grain yield, water – use efficiency and soil fertility in the dryland of Loess Plateau in China [J]. Agriculture Ecosystems & Environment，2005，106（4）：313 – 329.

[91] Giorgio D D, Montemurro F. Nutritional status and nitrogen utilization efficiency of durum wheat in a semiarid Mediterranean environment [J]. Agricoltura Mediterranea，2006：56 – 57.

[92] Morell F J, Lampurlanés J, Álvaro – Fuentes J, et al. Yield and water use efficiency of barley in a semiarid Mediterranean agroecosystem: Long – term effects of tillage and N fertilization [J]. Soil & Tillage Research，2011，117（6）：76 – 84.

[93] 黄玲，杨文平，胡喜巧，等. 水氮互作对冬小麦耗水特性和氮素利用的影响 [J]. 水土保持学报，2016，30（2）：168 – 174.

[94] 张玉铭，张佳宝，胡春胜，等. 华北太行山前平原农田土壤水分动态与氮素的淋溶损失 [J]. 土壤学报，2006，40（1）：17 – 25.

[95] 刘兆辉，李晓林，祝洪林，等. 保护地土壤养分特点 [J]. 土壤通报，2001，32（5）：206 – 208.

[96] 梁运江，依艳丽，许广波，等. 水肥耦合效应对保护地土壤硝态氮运移的影响 [J]. 农村生态环境，2004，20（3）：32 – 36.

[97] 袁巧霞，武雅娟，艾平，等. 温室土壤硝态氮积累的温度、水分、施氮量耦合效应

[J]. 农业工程学报, 2007, 23 (10): 192 - 198.

[98] 杨治平, 陈明昌, 张强, 等. 不同施氮措施对保护地黄瓜养分利用效率及土壤氮素淋失影响 [J]. 水土保持学报, 2007, 21 (2): 57 - 60.

[99] 周荣, 杨荣泉, 陈海军. 水、氮耦合效应对冬小麦生长、产量及土壤 $NO_3 - N$ 分布的影响 [J]. 北京水利, 1994 (5): 75 - 78.

[100] 习金根, 周建斌, 赵满兴, 等. 滴灌施肥条件下不同种类氮肥在土壤中迁移转化特性的研究 [J]. 植物营养与肥料学报, 2004 (4): 337 - 342.

[101] Wang F L, Alva A K. Leaching of nitrogen from slow - release urea sources in sandy soils [J]. Soil Science Society of America Journal, 1996, 60 (5): 1454 - 1458.

[102] 薛亮, 马忠明, 杜少平. 水氮耦合对绿洲灌区土壤硝态氮运移及甜瓜氮素吸收的影响 [J]. 植物营养与肥料学报, 2014, 20 (1): 139 - 147.

[103] 王同朝, 魏国庆, 吴克宁, 等. 水资源亏缺下水肥耦合对作物的影响 [J]. 河南农业科学, 1999 (10): 10 - 11.

[104] 张岁岐, 李秧秧. 施肥促进作物水分利用机理及对产量影响的研究 [J]. 水土保持研究, 1996 (1): 185 - 191.

[105] 李生秀, 李世清, 高亚军, 等. 施用氮肥对提高旱地作物利用土壤水分的作用机理和效果 [J]. 干旱地区农业研究, 1994 (1): 38 - 46.

[106] 李裕元, 郭永杰, 邵明安. 施肥对丘陵旱地冬小麦生长发育和水分利用的影响 [J]. 干旱地区农业研究, 2000, 18 (1): 15 - 21.

[107] 王月福, 姜东, 于振文, 等. 高低土壤肥力下小麦基施和追施氮肥的利用效率和增产效应 [J]. 作物学报, 2003, 49 (4): 491 - 495.

[108] 孟建, 李雁鸣, 党红凯. 施氮量对冬小麦氮素吸收利用、土壤中硝态氮积累和籽粒产量的影响 [J]. 河北农业大学学报, 2007, 32 (2): 1 - 5.

[109] 王月福, 于振文, 李尚霞, 等. 土壤肥力和施氮量对小麦氮素吸收运转及籽粒产量和蛋白质含量的影响 [J]. 应用生态学报, 2003, 14 (11): 1868 - 1872.

[110] 易时来, 何绍兰, 邓烈, 等. 中性紫色土施氮对小麦氮素吸收利用及产量和品质的影响 [J]. 麦类作物学报, 2006, 26 (5): 167 - 169.

[111] 王声斌, 张起刚, 彭根元. 灌溉水平对冬小麦氮素吸收及氮素平衡的影响 [J]. 核农学报, 2002, 16 (5): 310 - 314.

[112] Gärdenäs A I, Hopmans J W, Hanson B R, et al. Two - dimensional modeling of nitrate leaching for various fertigation scenarios under micro - irrigation [J]. Agricultural Water Management, 2005, 74 (3): 219 - 242.

[113] Boogaard H, Wolf J, Supit I, et al. A regional implementation of WOFOST for calculating yield gaps of autumn - sown wheat across the European Union [J]. Field Crops Research, 2013, 143: 130 - 142.

[114] 李文证. 宁夏旱区膜下滴灌水肥耦合对马铃薯产量及肥料利用率的影响 [D]. 银川: 宁夏大学, 2017.

[115] Ashouri M. Water use efficiency, irrigation management and nitrogen utilization in rice production in the north of iran [J]. Apcbee Procedia, 2014, 8: 70 - 74.

[116] Lehrsch G A, Sojka R E, Westermann D T. Nitrogen placement, row spacing, and furrow irrigation water positioning effects on corn yield [J]. Agronomy Journal, 2000, 92

(6)：1266 - 1275.

[117] Rodríguez D，Andrade F H，Goudriaan J. Does assimilate supply limit leaf expansion in wheat grown in the field under low phosphorus availability？[J]. Field Crops Research，2000，67（3）：227 - 238.

[118] 罗顺. 膜下滴灌水、肥对酿酒葡萄生长和产量的影响 [D]. 杨凌：西北农林科技大学，2009.

[119] 权丽双. 滴灌复播油葵水氮耦合效应研究 [D]. 石河子：石河子大学，2016.

[120] 田建柯. 灌溉制度和施肥对作物生长和水肥利用的影响 [D]. 杨凌：西北农林科技大学，2016.

[121] 冯波. 水氮耦合对滴灌春小麦土壤耗水规律及生长发育影响研究 [D]. 乌鲁木齐：新疆农业大学，2012.

[122] 柏宇. 吉林省中部玉米膜下滴灌水肥一体技术试验研究 [D]. 长春：长春工程学院，2015.

[123] 冉文星. 滴灌小麦水氮耦合的生理调控效应研究 [D]. 阿拉尔：塔里木大学，2016.

[124] 王程翰. 大棚膜下滴灌水肥耦合对葡萄生长发育、产量和品质的影响 [D]. 长春：吉林农业大学，2016.

[125] 刘学娜. 水氮耦合对日光温室黄瓜生理特性及水氮利用效率的影响 [D]. 泰安：山东农业大学，2016.

[126] 石小虎. 温室膜下滴灌番茄对水氮耦合的响应研究 [D]. 杨凌：西北农林科技大学，2013.

[127] 王海东. 滴灌施肥条件下新疆大田棉花水肥耦合效应 [D]. 杨凌：西北农林科技大学，2015.

[128] 聂堂哲. 黑龙江西部玉米膜下滴灌水肥耦合模式试验研究 [D]. 哈尔滨：东北农业大学，2016.

[129] 马慧娥. 宁夏干旱区马铃薯膜下滴灌水肥耦合试验研究 [D]. 银川：宁夏大学，2015.

[130] Aujla M S，Thind H S，Buttar G S. Cotton yield and water use efficiency at various levels of water and N through drip irrigation under two methods of planting [J]. Agricultural Water Management，2004，71（2）：167 - 179.

[131] 郭丙玉. 水氮交互对滴灌玉米水分、养分利用及产量影响 [D]. 石河子：石河子大学，2015.

[132] 陈俊秀. 膜下滴灌条件下黑花生水氮耦合效应试验研究 [D]. 沈阳：沈阳农业大学，2016.

[133] 王丹，赵艳平，孟瑞霞，等. 向日葵筒状小花和瘦果性状与欧洲葵螟寄主选择的关系 [J]. 植物保护学报，2014，41（3）：298 - 304.

[134] 马惠茹，赵智香，陈艳君. 内蒙古河套地区向日葵饲料资源生产情况及开发利用现状 [J]. 中国畜牧兽医，2014，41（3）：251 - 254.

[135] 李素萍. 食用型向日葵杂种优势及配合力研究 [D]. 呼和浩特：内蒙古农业大学，2006.

[136] 丁变红，吴新明. 食用型向日葵优质高产栽培技术措施 [J]. 新疆农垦科技，2017，40（10）：16 - 18.

[137] 柳延涛，段维，刘胜利，等．北疆冷凉地区向日葵宽窄行栽培技术［J］．种子科技，2018，36（1）：36－37．

[138] 周勤，李智强，李国萍，等．福海县良种场食葵列当防治技术研究［J］．现代农业科技，2017（19）：97－98．

[139] 韩长杰，刘宇，朱兴亮，等．往复拨杆式食葵盘收获台的设计与试验［J］．农机化研究，2018，40（3）：125－128．

[140] 吴健柏．新疆水利信息化建设措施及其应用研究［J］．信息系统工程，2018（6）：125－126．

[141] 谢文宝，陈彤，刘国勇．新疆农业水资源利用与经济增长脱钩关系及效应分解［J］．节水灌溉，2018（4）：67－72，77．

[142] 汪宝军．浅谈新疆农业水资源利用效率及农户灌溉经济效益［J］．湖北农机化，2017（5）：45－46．

[143] Davies F T，Puryear J D，Newton R J，et al. Mycorrhizal fungi enhance accumulation and tolerance of chromium in sunflower（Helianthus annuus）［J］. Journal of Plant Physiology，2001，158（6）：777－786．

[144] Kuifeng L U，Heigang X，Jing M，et al. Comparative study on two different time series model in forecast of groundwater dynamic change［J］. Journal of Water Resources and Water Engineering，2011.

[145] 薛铸，史海滨，郭云，等．盐渍化土壤水肥耦合对向日葵苗期生长影响的试验［J］．农业工程学报，2007，23（3）：91－94．

[146] 薛铸．盐渍化土壤向日葵水肥综合效应初步研究［D］．呼和浩特：内蒙古农业大学，2007．

[147] 田德龙，史海滨，闫建文，等．含盐土壤水肥耦合对向日葵生理生态因子影响［J］．灌溉排水学报，2011，30（2）：90－94．

[148] 田德龙．河套灌区盐分胁迫下水肥耦合效应响应机理及模拟研究［D］．呼和浩特：内蒙古农业大学，2011．

[149] 郭富强，史海滨，杨树青，等．盐渍化灌区不同水肥条件向日葵氮磷利用率及淋失规律［J］．水土保持学报，2012，26（5）：39－43．

[150] 曾文治．向日葵水、氮、盐耦合效应及其模拟［D］．武汉：武汉大学，2015．

[151] 王金满，杨培岭，张建国，等．脱硫石膏改良碱化土壤过程中的向日葵苗期盐响应研究［J］．农业工程学报，2005，21（9）：33－37．

[152] 王振华，杨培岭，郑旭荣，等．新疆现行灌溉制度下膜下滴灌棉田土壤盐分分布变化［J］．农业机械学报，2014，45（8）：149－159．

[153] 赵经华，胡建强，杨磊，等．浅埋式滴灌苜蓿耗水规律和产量对不同灌水定额的响应［J/OL］．南水北调与水利科技（中英文）：1－10．

[154] 吴兴荣，华根福，莫树志．新疆北部苜蓿耗水规律及灌溉制度研究［J］．节水灌溉，2012（2）：38－40．

[155] 新疆维吾尔自治区统计局．新疆统计年鉴［G］．北京：中国统计出版社，2015：91－97．

[156] 阿勒泰地区统计局．阿勒泰地区统计年鉴［G］．北京：中国统计出版社，2015：83－89．

[157] 程冬玲，李富先，林性粹．苜蓿田间地下滴灌效应试验研究［J］．中国农村水利水电，2004（5）：1－3.

[158] 李富先．苜蓿地下滴灌技术研究［D］．杨凌：西北农林科技大学，2008.

[159] 夏玉慧，汪有科，汪治同．地下滴灌埋设深度对紫花苜蓿生长的影响［J］．草地学报，2008，16（3）：298－302.

[160] 韩方军．浅谈牧草浅埋式滴灌技术示范与推广项目的实施［J］．新疆水利，2014（5）：19－21，38

[161] 石自忠，王明利，刘亚钊．我国牧草产业国际竞争力分析［J］．草业科学，2018，35（10）：2530－2539.

[162] 邰继承，杨恒山，张军．内蒙古通辽市玉米田改种紫花苜蓿的优势分析［J］．草业科学，2012，29（1）：150－155.

[163] 张前兵，于磊，艾尼娃尔·艾合买提，等．新疆绿洲区不同灌溉方式及灌溉量下苜蓿田间土壤水分运移特征［J］．中国草地学报，2015，37（2）：68－74.

[164] Godoy A C，Pérez G A，Torres－E C A，et al．Water use，forage production and waterrelationsin alfalfa with subsurface drip irrigation［J］．Agrociencia，2003，37（2）：107－115.

[165] 陶雪，苏德荣，寇丹，等．西北旱区灌溉方式对苜蓿生长及水分利用效率的影响［J］．草地学报，2016，24（1）：114－120.

[166] Ismail S M，EI－Nakhlawy F S，Basahi J M，et al．Sudan grass and pearl millets productivity under different irrigation methods with fully irrigation and stresses in arid regions［J］．Grassland Science，2018，64（1）：29－39.

[167] 夏玉慧，汪有科，汪治同．地下滴灌埋设深度对紫花苜蓿生长的影响［J］．草地学报，2008，16（3）：298－302.

[168] 张松，李和平，郑和祥，等．毛乌素沙地地埋滴灌对紫花苜蓿生长指标的影响［J］．节水灌溉，2016（8）：113－116，121.

[169] 王冲，王飞，薛韬，等．不同滴灌管埋深对紫花苜蓿水分利用效率和草地覆盖率的影响［J］．节水灌溉，2018（1）：42－44.

[170] Wang S F，Jiao X Y，Guo W H，et al．Adaptability of shallow subsurface drip irrigation of alfalfa in an arid desert area of Northern Xinjiang［J］．PLOS ONE，2018，13（4）：e0195965.

[171] 杨文静，张小甫，张爱宁．基于文献计量学的苜蓿研究进展分析［J］．中国草食动物科学，2016，36（6）：45－50.

[172] 赵威，李亚鸽，王馨，等．外源无机盐与硫胺素对枝叶去除后紫花苜蓿的再生性影响［J］．草业学报，2017，26（5）：100－108.

[173] 陈昱铭，李倩，王玉祥，等．氮、磷、钾肥对苜蓿产量、根瘤菌及养分吸收利用率的影响［J］．干旱区资源与环境，2019，33（7）：174－180.

[174] 刘影，关小康，杨明达，等．基于DSSAT模型对豫北地区夏玉米灌溉制度的优化模拟［J］．生态学报，2019，39（14）：5348－5358.

[175] Steiger N M，Wilson J R．An improved batch means procedure for simulation output analysis［J］．Management Science，2002，48（12）：1517－1664.

[176] 刘信，何沛祥．基于权函数的桥梁结构有限元模型修正［J］．工业建筑，2018，48

（2）：95-99，68.

[177] Feng Y P，Yang M，Shang M F，et al. Improving the annual yield of a wheat and maize system through irrigation at the maize sowing stage [J]. Irrigation ang Drainage，2018，67（5），755-761.

[178] Wang Y Q，Zhang Y H，Zhang R，et al. Reduced irrigation increases the water use efficiency and productivity of winter wheat-summer maize rotation on the North China Plain [J]. Science of the Total Environment，2018，618：112-120.

[179] 秦海霞，张玉顺，邱新强，等. 灌水定额对夏玉米生长及产量的影响 [J]. 中国农村水利水电，2019（4）：62-68.

[180] Zhang H，He X Q；Mitri，H. Fuzzy comprehensive evaluation of virtual reality mine safety training system [J]. Safety Science，2019，120：341-351.

[181] 霍攀，曹丽文，田艳凤. AHP与模糊评判法在垃圾填埋场选址中的应用对比 [J]. 环境工程，2015，33（3）：131-135.

[182] 汪顺生，刘东鑫，王康三，等. 不同沟灌方式对夏玉米耗水特性及产量影响的模糊综合评判 [J]. 农业工程学报，2015，31（24）：89-94.

[183] 邓楚雄，谢炳庚，李晓青，等. 长沙市耕地集约利用时空变化分析 [J]. 农业工程学报，2012，28（1）：230-237.

[184] 张智，和志豪，洪婷婷，等. 基于多层次模糊评判的樱桃番茄综合生长水肥耦合调控 [J]. 农业机械学报，2019，50（12）：278-287.

[185] 张发明，刘志平. 组合评价方法研究综述 [J]. 系统工程学报，2017，32（4）：557-569.

[186] Guo S D，Liu S F，Fang Z G，et al. Multi-phase information aggregation and dynamic synthetic evaluation based on grey inspiriting control lines [J]. Grey Systems：Theory and Application，2014，4（2）：154-163.

[187] Liu H C，You J X，You X Y，et al. A novel approach for failure mode and effects analysis using combination weighting and fuzzy VIKOR method [J]. Applied Soft Computing，2015，28：579-588.

[188] 彭张林，张强，王素凤，等. 基于评价结论的二次组合评价方法研究 [J]. 中国管理科学，2016，24（9）：156-164.

[189] Krejci J，Stoklasa J. Aggregation in the analytic hierarchy process：Why weighted geometric mean should be used instead of weighted arithmetic mean [J]. Expert Systems with Applications. 2018，114：97-106.

[190] Ahmad I，Verma M K. Application of Analytic Hierarchy Process in Water Resources Planning：A GIS Based Approach in the Identification of Suitable Site for Water Storage [J]. Water Resources Management，2018，32（15）：5093-5114.

[191] Li J B，Lu M S，Guo X M，et al. Insights into the improvement of alkaline hydrogen peroxide（AHP）pretreatment on the enzymatic hydrolysis of corn stover：chemical and microstructural analyses [J]. Bioresource Technology，2018，265：1-7.

[192] 刘大海，宫伟，邢文秀，等. 基于AHP-熵权法的海岛海岸带脆弱性评价指标权重综合确定方法 [J]. 海洋环境科学，2015，34（3）：462-467.

[193] Tan L L，Li Q. Rational use of antibacterial drugs and supply chain knowledge leakage

based on fuzzy AHP [J]. Boletin De Malariologia Y Salud Ambiental, 2018, 58 (3):
15 - 24.

[194] 金成. 基于主观度的双组合评价方法及应用 [J]. 统计与决策, 2018, 34 (19):
76 - 79.

[195] Li C L, Miao X J, Zhang C, et al. Research on benefit evaluation method of integrated
energy system project based on combination weight [J]. IOP Conference Series: Earth
and Environmental Science, 2019, 227 (4): 1 - 7.

[196] Salari M, Shariat S M, Rahimi R, et al. Land capability evaluation for identifying in-
dustrial zones: combination multi - criteria decision - making method with geographic in-
formation system [J]. International Journal of Environmental Science and Technology,
2019, 16 (10): 5501 - 5512.

[197] 胡建强, 赵经华, 杨磊, 彭艳平. 不同灌水处理对多砾石砂土膜下滴灌玉米水分分布
特征的影响 [J]. 南水北调与水利科技 (中英文), 2020, 18 (2): 211 - 221.

[198] 洪明, 马英杰, 赵经华, 等. 新疆阿勒泰地区浅埋式滴灌苜蓿灌溉制度试验 [J]. 草
地学报, 2017, 25 (4): 871 - 874.

[199] 李翠娜, 张雪芬, 余正泓, 等. 基于图像提取技术计算夏玉米覆盖度和反演叶面积指
数的精度评价 [J]. 中国农业气象, 2016, 37 (4): 479 - 491.

[200] 宫亮, 孙文涛, 隽英华, 等. 补充灌溉对玉米生理指标及水分利用效率的影响 [J].
节水灌溉, 2017 (1): 9 - 11.

[201] 刘浩, 孙景生, 张寄阳, 等. 耕作方式和水分处理对棉花生产及水分利用的影响 [J].
农业工程学报, 2011, 27 (10): 164 - 168.

[202] 李传哲, 许仙菊, 马洪波, 等. 水肥一体化技术提高水肥利用效率研究进展 [J]. 江
苏农业学报, 2017, 33 (2): 469 - 475.

[203] 胡文泽, 何珂, 金诚谦, 等. 基于模糊综合评判的农业机械 FMECA 方法研究 [J].
农业机械学报, 2018, 49 (S1): 332 - 337.

[204] 叶霜, 熊博, 邱霞, 等. 果实品质综合评价体系的建立及其在黄果柑果实上的应用
[J]. 浙江农业学报, 2017, 29 (12): 2038 - 2050.

[205] 王小燕, 褚鹏飞, 于振文. 水氮互作对小麦土壤硝态氮运移及水、氮利用效率的影响
[C] //2009 年中国作物学会学术年会论文摘要集, 2009.

[206] 刘敏, 宋付朋, 卢艳艳. 硫膜和树脂膜控释尿素对土壤硝态氮含量及氮素平衡和氮素
利用率的影响 [J]. 植物营养与肥料学报, 2015, 21 (2): 541 - 548.

[207] Takai T, Matsuura S, Nishio T, et al. Rice yield potential is closely related to crop
growth rate during late reproductive period [J]. Field Crops Research, 2006, 96 (2 -
3): 328 - 335.

[208] 陈年来, 李金玉, 刘东顺, 等. 对黑籽瓜一些术语与标准的界定意见 [J]. 甘肃农业科
技, 1999 (4): 2 - 4.

[209] Glur C. AHP: analytic hierarchy process [J]. Measuring business excellence, 2016, 5
(3): 30 - 37.

[210] Dally W J, Universitys, Poulton J W. Digital systems engineering [M]. USA: Cam-
bridge University Press: Digital systems engineering. 1998.

[211] 康洁, 张维江, 李娟. Trime - T3 管式 TDR 土壤水分测定系统在宁夏泾源地区的标

定研究 [J]. 宁夏工程技术, 2015, 14 (2): 146 – 148.

[212] 聂卫波, 马孝义, 幸定武, 等. 基于水量平衡原理的畦灌水流推进简化解析模型研究 [J]. 农业工程学报, 2007, 23 (1): 82 – 85.

[213] 艾鹏睿, 赵经华, 马英杰, 等. 不同灌水定额下北疆地区滴灌打瓜耗水规律的研究 [J]. 节水灌溉, 2016 (11): 39 – 43.

[214] 赵小勇, 付强, 邢贞相, 等. 投影寻踪模型的改进及其在生态农业建设综合评价中的应用 [J]. 农业工程学报, 2006, 22 (5): 222 – 225.

[215] Zhang Chi, Dong Sihui. A new water quality assessment model based on projection pursuit technique [J]. Journal of Environmental Sciences, 2009, 21 (9): S154 – S157.

[216] 梁跃强, 林辰, 宫伟东, 等. 投影寻踪聚类方法在煤与瓦斯突出危险性预测中的应用 [J]. 中国安全生产科学技术, 2017, 13 (1): 46 – 50.

[217] 楼文高, 乔龙. 投影寻踪分类建模理论的新探索与实证研究 [J]. 数理统计与管理, 2015, 34 (1): 47 – 58.

[218] 刘龙举. 离错最大化方法在船舶耐波性综合评价中应用研究 [J]. 舰船电子工程, 2014, 34 (4): 86 – 89, 144.

[219] 郭亚军, 姚远, 易平涛. 一种动态综合评价方法及应用 [J]. 系统工程理论与实践, 2007, (10): 154 – 158.

[220] 潘小保, 缴锡云, 郭维华, 等. 浅埋式滴灌毛管埋深对苜蓿生长的影响 [J]. 干旱地区农业研究, 2018, 36 (4): 152 – 157.

[221] 邱新强, 路振广, 孟春红, 等. 土壤水分胁迫对夏玉米形态发育及水分利用效率的影响 [J]. 灌溉排水学报, 2013, 32 (4): 79 – 83.

[222] 牛晓丽, 胡田田, 刘亭亭, 等. 适度局部水分胁迫提高玉米根系吸水能力 [J]. 农业工程学报, 2014, 30 (22): 80 – 86.

[223] 韩成卫, 孔晓民, 刘丽, 等. 不同种植模式对玉米生长发育、产量及机械化收获效率的影响 [J]. 玉米科学, 2012, 20 (6): 89 – 93.

[224] Comas L H, Trout T J, Banks G T, et al. USDA – ARS Colorado maize growth and development, yield and water – use under strategic timing of irrigation, 2012 – 2013 [J]. Data in brief, 2018, 21: 1227 – 1231.

[225] Quevedo Y M, Beltran J I, Barragan Q E. Effect of sowing density on yield and profitability of a hybrid corn under tropical conditions [J]. Agronomia Colombiana, 2018, 36 (8): 248 – 256.

[226] 江水艳. 浅谈阿勒泰地区节水灌溉可持续发展 [J]. 新疆水利, 2009 (6): 17 – 18.

[227] 李彪, 孟兆江, 申孝军, 等. 隔沟调亏灌溉对冬小麦-夏玉米光合特性和产量的影响 [J]. 灌溉排水学报, 2018, 37 (11): 8 – 14.

[228] Raes D, Steduto P, Hsiao T C, et al. AquaCrop—the FAO crop model to simulate yield response to water: Ⅱ. main algorithms and software description [J]. Agronomy Journal, 2009, 101 (3): 438 – 447.

[229] Tigchelaar M, Battisti D S, Naylor R L. Future warming increases probability of globally synchronized maize production shocks [J]. Proceedings of the National Academy of Sciences of the United States of America, 2018, 115 (26): 6644 – 6649.

[230] 中国农业年鉴编委会. 中国农业年鉴 [M]. 北京: 中国农业出版社, 2011.

[231] 武阳，王伟，雷廷武，等．调亏灌溉对滴灌成龄香梨果树生长及果实产量的影响 [J]．农业工程学报，2012，28（11）：118-124.

[232] 邓铭江．中国西北"水三线"空间格局与水资源配置方略 [J]．地理学报，2018，73（7）：1189-1203.

[233] 尚文彬，张忠学，郑恩楠，等．水氮耦合对膜下滴灌玉米产量和水氮利用的影响 [J]．灌溉排水学报，2019，38（1）：49-55.

[234] 杨荣，苏永中．水氮配合对绿洲沙地农田玉米产量、土壤硝态氮和氮平衡的影响 [J]．生态学报，2009，29（3）：1459-1469.

[235] 廖小琴．新时代我国社会主要矛盾的逻辑生成与实践指向 [J]．马克思主义与现实，2018，（2）：188-195.

[236] 唐皇凤．社会主要矛盾转化与新时代我国国家治理现代化的战略选择 [J]．新疆师范大学学报（哲学社会科学版），2018，39（4）：7-17，2.

[237] 郭栋．美好生活的法理观照——"新时代社会主要矛盾深刻变化与法治现代化"高端智库论坛述评 [J]．法制与社会发展，2018，24（4）：205-224.

[238] Wang F J, Wang Z H, Zhang J Z, et al. Combined effect of different amounts of irrigation and mulch films on physiological indexes and yield of drip-irrigated maize（zea mays L.）[J]. Water, 2019, 11（3）：1-15.

[239] Godoy L P, Dos Santos A V, Gardoso Da Silva D J, et al. Application of the Fuzzy-AHP method in the optimization of production of concrete blocks with addition of casting sand [J]. Journal of Intelligent & Fuzzy Systems, 2018, 35（3）：3477-3491.

[240] Zhang Y, Shao Y, Yan C S, et al. Safety risk evaluation on mobile payment based on improved AHP method [C] // Proceedings of the 2018 International Conference on Network, Communication, Computer Engineering（NCCE 2018），France：Atlantis Press, 2018.

[241] 杨晓亚，于振文，许振柱．灌水量和灌水时期对小麦耗水特性和氮素积累分配的影响 [J]．生态学报，2009，29（2）：846-853.

[242] 闫永銮，郝卫平，梅旭荣，等．拔节期水分胁迫-复水对冬小麦干物质积累和水分利用效率的影响 [J]．中国农业气象，2011，32（2）：190-195.

[243] 傅兆麟．小麦产量因素在产量提高过程中的作用效应分析 [J]．淮北煤师院学报（自然科学版），2002，32（2）：43-50.

[244] 陈玉民，肖俊夫．估算冬小麦旬平均日耗水量模型的初步研究 [J]．水利学报，1989（12）：49-54.

[245] 程裕伟．北疆地区滴灌春小麦需水规律及产量形成特征研究 [D]．石河子大学，2010：45-46.

[246] 刘世全，曹红霞，杨慧，等．水氮供应与番茄产量和生长性状的关联性分析 [J]．中国农业科学，2014（22）：4445-4452.

[247] 巨晓棠，潘家荣，刘学军，等．北京郊区冬小麦/夏玉米轮作体系中氮肥去向研究 [J]．植物营养与肥料学报，2003，9（3）：264-270.

[248] 于飞，施卫明．近10年中国大陆主要粮食作物氮肥利用率分析 [J]．土壤学报，2015，52（6）：1311-1324.

[249] 闫湘，金继运，何萍，等．提高肥料利用率技术研究进展 [J]．中国农业科学，2008

（2）：450－459.

[250] 栗丽，洪坚平，王宏庭，等．施氮与灌水对夏玉米土壤硝态氮积累、氮素平衡及其利用率的影响 [J]．植物营养与肥料学报，2010，16（6）：1358－1365.

[251] 李世清，李生秀．水肥配合对玉米产量和肥料效果的影响 [J]．干旱地区农业研究，1994（1）：47－53.

[252] Pant H K，Reddy K R，Lemon E．Phosphorus retention capacity of root bed media of sub－surface flow constructed wetlands [J]．Ecological Engineering，2001，17（4）：345－355.

[253] 邓兰生，张承林．滴灌施氮肥对盆栽玉米生长的影响 [J]．植物营养与肥料学报，2007，13（1）：81－85.

[254] 王聪翔，孙文涛，孙占祥，等．辽西半干旱区水肥耦合对春玉米产量的影响 [J]．灌溉排水学报，2008，27（2）：102－105.

[255] 叶优良，李隆．水氮量对小麦/玉米间作土壤硝态氮累积和水氮利用效率的影响 [J]．农业工程学报，2009，25（1）：33－39.

[256] 赵俊晔，于振文．不同土壤肥力条件下施氮量对小麦氮肥利用和土壤硝态氮含量的影响 [J]．生态学报，2006，26（3）：815－822.

[257] 高亚军，李生秀，李世清，等．施肥与灌水对硝态氮在土壤中残留的影响 [J]．水土保持学报，2005，19（6）：61－64.

[258] 岳文俊，张富仓，李志军，等．水氮耦合对甜瓜氮素吸收与土壤硝态氮累积的影响 [J]．农业机械学报，2015（2）：88－96.

[259] 袁静超，张玉龙，虞娜，等．水肥耦合条件下保护地土壤硝态氮动态变化 [J]．土壤通报，2011，42（6）：1335－1340.

[260] 赵营，同延安，赵护兵．不同施氮量对夏玉米产量、氮肥利用率及氮平衡的影响 [J]．土壤肥料，2006（2）：30－33.

[261] 石玉，于振文，王东，等．施氮量和底追比例对小麦氮素吸收转运及产量的影响 [J]．作物学报，2006，32（12）：1860－1866.

[262] 党廷辉，戚龙海，郭胜利，等．旱地土壤硝态氮与氮素平衡、氮肥利用的关系 [J]．植物营养与肥料学报，2009，15（3）：573－577.

[263] 党廷辉．黄土区旱地深层硝酸盐累积机理、生物有效性与环境效应 [D]．杨凌：西北农林科技大学，2005.

[264] 习金根．滴灌施肥条件下氮素在土壤中迁移转化及其生物效应研究 [D]．杨凌：西北农林科技大学，2003.

[265] 刘娟．奇台垦区打瓜高产栽培技术 [J]．农村科技，2009（8）：78－79.

[266] 毛国新，李源．寒冷区高密度种植籽瓜膜下滴灌技术 [J]．水利科技与经济，2008，14（4）：263－266.

[267] 薛世柱．打瓜膜下滴灌试验与效益分析 [J]．北方农业学报，2008（3）：47－48.

[268] 库丽曼·哈布德热合曼．阿勒泰地区打瓜种植技术探讨 [J]．农业开发与装备，2018（4）：177－182.

[269] Yang R，Yong Z．Effects of nitrogen fertilization and irrigation rate on grain yield，nitrate accumulation and nitrogen balance on sandy farmland in the marginal oasis in the middle of Heihe River basin [J]．Acta Ecologica Sinica，2009，29（3）：1459－1469.

［270］ Olesen J E，Mortensen J V，Jorgensen L N，et al. Irrigation strategy，nitrogen applica-tion and fungicide control in winter wheat on a sandy soil. I. Yield，yield components and nitrogen uptake. ［J］. The Journal of Agricultural Science，2000，134（1）：13－23.

［271］ 谭军利，田军仓，王西娜，等. 不同生物有机肥对老压砂地西瓜生长及产量的影响［J］. 宁夏大学学报（自然科学版），2016，37（4）：476－481.

［272］ 文廷刚，杜小凤，吴传万，等. 不同分子量氨基多糖对西瓜产量和品质的影响［J］. 江西农业学报，2015（3）：36－39.

［273］ Qu J S，Guo W Z，Zhang L J，et al. Luence of caragana－straw as nursery substrate on growth and dry matter accumulation of watermelon seedlings［J］. Transactions of the Chinese Society of Agricultural Engineering，2010，26（8）：291－295.

［274］ Yetişir H，Sari N，Yücel S. Rootstock resistance to Fusarium wilt and effect on water-melon fruit yield and quality［J］. Phytoparasitica，2003，31（2）：163－169.

［275］ 刘炼红. 滴灌频率对调亏灌溉大棚西瓜生长及产量和品质的影响［D］. 杨凌：西北农林科技大学，2015.

［276］ 张卿亚. 不同生育期灌水下限和施肥量对大棚滴灌甜瓜生长发育的影响［D］. 武汉：华中农业大学，2015.

［277］ Su H C，Shen Y P，Han P，et al. Precipitation and its impact on water resources and ecological environment in Xinjiang region［J］. Journal of Glaciology & Geocryology，2007，25（3）：343－350.

［278］ Li S Y，Tang Q L，Lei J Q，et al. An overview of non－conventional water resource utilization technologies for biological sand control in Xinjiang，northwest China［J］. Environmental Earth Sciences，2015，73（2）：873－885.

［279］ Luo Y，Wang X H，Shen Y P，et al. Sustainable utilization of water resources in the Arid Inland areas of Xinjiang，China［J］. Journal of Glaciology & Geocryology，2006，28（2）：283－287.

［280］ Zhang R，Cheng Z R，Wang W T，et al. Effect of water stress in different growth sta-ges on grape yield and fruit quality under delayed cultivation facility［J］. Nongye Gongcheng Xuebao Transactions of the Chinese Society of Agricultural Engineering，2014，30（24）：105－113.

［281］ 谭军利，田军仓，王西娜，等. 底墒差异对压砂地西瓜耗水规律的影响［J］. 干旱地区农业研究，2014，32（1）：94－99.

［282］ 高慧娟. 厚皮甜瓜耗水规律与调亏灌溉效应研究［D］. 兰州：甘肃农业大学，2010.

［283］ Song W，Zhang Y L，Han W，et al. Effects of subirrigation quota on cucumber yield and water use efficiency in greenhouse［J］. Transactions of the Chinese Society of Agri-cultural Engineering，2010，26（8）：61－66.

［284］ 桑艳朋. 膜下滴灌条件下甜瓜田间需水规律的研究［D］. 石河子：石河子大学，2005.

［285］ 郑国保，张源沛，孔德杰，等. 不同灌水量对日光温室黄瓜需水规律和水分利用的影响［J］. 节水灌溉，2012（1）：22－24.

［286］ Zheng Z，Ma F Y，Mu Z X，et al. Study of coupling effects and water－fertilizer model on mulched – cotton by drip irrigation [J]. Acta Gossypii Sinica, 2000, 12 (4): 198 – 201.

[287] Kong D J, Zhang Y P, Guo S H, et al. Effects of different irrigation amount on water consumption and water use efficiency of greenhouse cucumber [J]. Agricultural Sciences, & technology 2010, 11 (9): 217 – 220.

[288] Xing Y Y, Zhang F C, Zhang Y, et al. Irrigation and fertilization coupling of drip irrigation under plastic film promotes tomato′s nutrient uptake and growth [J]. Transactions of the Chinese Society of Agricultural Engineering, 2014, 30 (21): 70 – 80.

[289] Shi H Z, Gao W K, Chang S M, et al. Effect of irrigating water quota with micro – irrigation on soil physical properties and nutrient transport in different layers of tobacco soil [J]. Journal of Henan Agricultural University, 2009, 43 (5): 485 – 490.

[290] Zhao B F, He J Q. Study on time – domain infiltration regulation of soil moisture content under different irrigation quotas [J]. Heilongjiang Agricultural Sciences, 2009 (5): 53 – 56.

[291] Qi G P, Zhang E H. Effect of drip irrigation quota on root distribution and yield of tomato under film mulch [J]. Journal of Desert Research, 2009, 29 (3): 463 – 467.

[292] 王雪梅, 韩红亮, 曹红霞. 水氮耦合对温室番茄光合和蒸腾速率的影响 [J]. 节水灌溉, 2018 (2): 26 – 28, 33.

[293] Zhao L J, Xiao H L, Li X R, et al. Effect of different irrigation quota on water – nutrient distribution in soil profile and water use efficiency of spring wheat [J]. Journal of Desert Research, 2005, 25 (2): 256 – 261.

[294] 赵艳龙, 熊兰, 徐敏捷, 等. 基于模糊层次分析法的干式变压器运行状态综合评估 [J]. 重庆理工大学学报 (自然科学版), 2013, 27 (4): 60 – 67.

[295] 黄鑫, 陈桂明, 游园. 模糊综合评判法在能力评价中的应用 [J]. 四川兵工学报, 2010, 31 (7): 131 – 132.

[296] 韩丙芳, 田军仓, 李应海, 等. 宁夏灌区不同水肥处理对膜上灌玉米性状影响的模糊评判 [J]. 灌溉排水学报, 2005, 24 (4): 29 – 32.

[297] Wen Y Q, Yang J, Shang S H. Analysis on evapotranspiration and water balance of cropland with plastic mulch in arid region using dual crop coefficient approach [J]. Transactions of the Chinese Society of Agricultural Engineering, 2017, 33 (1): 138 – 147.

[298] 郭文献, 夏自强, 王鸿翔, 等. 基于模糊物元模型的水资源合理配置方案综合评价 [J]. 灌溉排水学报, 2007, 26 (5): 75 – 78.

[299] 俞双恩, 汤树海. 水稻控制灌排模式的节水高产减排控污效果 [J]. 农业工程学报, 2018, 34 (7): 128 – 136.

[300] 余建星, 蒋旭光, 练继建. 水资源优化配置方案综合评价的模糊熵模型 [J]. 水利学报, 2009, 40 (6): 729 – 735.

[301] 贾鹏, 张丽娜, 吴凤平. 基于格序理论的水资源配置方案综合评价 [J]. 资源科学, 2013, 35 (11): 2232 – 2238.

[302] 王庆杰, 岳春芳, 李艺珍. 基于 MAGA – PPC 模型的水资源配置方案综合评价 [J]. 水资源与水工程学报, 2018, 29 (3): 105 – 110.

［303］ 朱喜安，魏国栋．熵值法中无量纲化方法优良标准的探讨［J］．统计与决策，2015，(2)：12－15.

［304］ 孙海洋，李延喜，陈克兢．中国装备制造业发展绩效实证研究——基于2003—2010年面板数据［J］．大连理工大学学报（社会科学版），2013，34（3）：36－41.